城市景观设计
——日本高层建筑中的开放空地

邵力民　编著

中国建筑工业出版社

图书在版编目（CIP）数据

城市景观设计——日本高层建筑中的开放空地 / 邵力民编著. —北京：
中国建筑工业出版社，2012.3
ISBN 978-7-112-14134-0

Ⅰ.①城…　Ⅱ.①邵…　Ⅲ.①高层建筑 – 景观设计 – 日本　Ⅳ.① TU986.2

中国版本图书馆 CIP 数据核字（2012）第 042616 号

本书依据日本《建筑基准法》第59条第2款，综合设计中"公开空地"的各种政策，结合对东京都、大阪市、福冈市开放空地的调查研究编写而成。"公开空地"在本书中译为"开放空地"。

虽然"开放空地"是日本高层建筑中运用的政策，有复杂的申请、审批以及管理制度，但是从构成城市公共空间网络和城市景观的角度来看，应该加强理论研究。

书中结合具体项目，配合图片及相关图纸展开分析，展现了当前日本最新的开放空地实例，内容丰富，资料翔实。

本书可供城市规划、建筑设计、景观规划设计等相关专业人员使用。

*　　*　　*

责任编辑：王　跃　陈　桦
责任设计：董建平
责任校对：党　蕾　刘　钰

城市景观设计
——日本高层建筑中的开放空地
邵力民　编著
*
中国建筑工业出版社出版、发行（北京西郊百万庄）
各地新华书店、建筑书店经销
北京嘉泰利德公司制版
北京世知印务有限公司印刷
*
开本：787×1092毫米　1/16　印张：8　字数：200千字
2012年8月第一版　2012年8月第一次印刷
定价：**32.00元**
ISBN 978-7-112-14134-0
　　　　（22137）

前　言

　　1967 年产生于美国纽约曼哈顿的 Paley Park 的开园，当时被称为 Vest Pocket Park，也就是今日"袖珍公园"的词源。

　　在日本高层建筑的用地内创造的开放空地被称为"袖珍公园"，在为人们提供公共空间的同时，还承担形成城市景观的重要任务。

　　本书从城市景观设计的角度，对日本的高层建筑中开放空地的功能、意义、设计趋势，以及设计手法的变迁等，展开了较为全面的调查研究，主张开放空地应该作为新型城市景观类型，应加强理论研究与设计实践。

　　日本的城市综合开发，在城市功能更新的规划手法、创造城市景观美等许多方面，都取得了令人注目的成果。本书揭示和总结了日本高层建筑中开放空地的建设经验，为我国的城市建设提供了相关信息。

　　在第 1 章公共空间与开放空地中，主要介绍了日本的方针政策中关于公共空间以及开放空地的相关内容。

　　在第 2 章开放空地的相关政策中，介绍了美国、日本的公共空间以及开放空地概念的形成等。

　　从第 3 章东京都的开放空地开始对日本高层建筑中的开放空地展开调查，从地区概况、计划目标等方面，进行了分析。这些被调查研究的地区是：①大手町的开放空地；②新宿副都心的开放空地；③汐留地区的开放空地。

　　第 4 章为大阪市的开放空地。

　　第 5 章为福冈市的开放空地，对福冈市的 74 个开放空地项目进行了调查，形成了具体的指标。

　　第 6 章为日本开放空地的相关议题，讲述了开放空地设计意图的变迁，归纳总结了在各地实施的开放空地项目，运用的理念、表现手法、设计用语等。从所归纳出来的结果中，得到了开放空地设计的变化过程与发展趋势。

　　《城市景观设计——日本高层建筑中的开放空地》一书，是关于日本高层建筑中开放空地的调研报告，从中可以了解开放空地的政策，以及规划设计的基本情况。文中图片为作者拍摄。

　　由于专业研究和日语能力有限，不准确的地方请读者批评指正。

目　　录

第 1 章　公共空间与开放空地

1.1　公共空间的相关分类

在日本都市中的公共空间网络主要由都市公园、基础骨干公园、特殊公园、大规模公园构成。其中以小学校区为基本生活圈，构成街区公园、近邻公园、地区公园系统，以及街道绿化、河川绿化、民有地绿化等，建立起居民身边的公共空间网络系统。

1967 年，产生于美国纽约曼哈顿 Paley Park 的开园，当时被称为 Vest Pocket Park，也就是今日的"袖珍公园"的原型。

"袖珍公园"在日本被称为"开放空地"，是在超高层建筑用地内被开发的公共空间，同时还承担着形成城市景观的重要任务。

"开放空地"是城市公共空间的类型之一，在城市内与其他公共空间形成整体网络，为人们的城市生活提供活动交往空间。

1.1.1　日本的绿地概念的演变

在日本昭和初期（1920 年前后），关于都市自由空地的概念就有了具体提案，当时的大阪府知事关一，于 1927 年 2 月在大阪举行的第一次全国都市问题会议上，作了题为"自由空间"的发言，指出了空地在都市计划中占据重要的地位，列举了公园在以往发生的大地震中挽救市民的事例，比如：东京的芝公园、上野公园等；提出建筑与空地必须分开的提案，指出在日本的都市计划法、商业地域、工业地域、住宅地域中留有建筑空地的要求一直没有实现，指出维持空地是必要的；指出公园、动植物园、运动场以及作为农耕土地维持的重要性。但是，市域内绿地的维持根据现实难以实现，从广义的观点说明了绿地的重要性。市区以外要留有适当的空地，仅仅依靠市内是不够的，地区计划也必须考虑。关一知事提出了具体的方案，在第一次全国都市问题会议上展示了大阪绿地计划的图纸，该图是大阪的公园、耕地、河川、水池、道路用地等广义的自由空地和建筑用地理想的配置计划，周围的耕地、永久保存的绿地和海边的防风林可以兼作绿地。这个以中之岛为中心，半径约 12km 的地区，1941 年形成了半径为 15km 的大阪公园绿地以及防空地带规划。服部绿地、鹤见绿地等的位置被划分出来。这个规划成为公园的系统图，这是日本最初的考虑，作为都市计划法具体的政策实施、绿地保持的考虑方法，保持适当的风景绿地，风景地区有良好的、自然的、历史的环境，有了地域保全、指定培育地区，在该地区内进行建设、变更土地性质、竹木土石的采集等行为，地方长官以及内务大臣必须有许可的义务，其条件是必须保持恢复场所原状的规定，具体的运用方法要根据各县的条例，保持绿地覆盖率，控制建筑物的高度、墙面退红线等。

1970 年《东京都市区再整备开发计划调查书》中，对绿地的分类如图 1-1 所示。

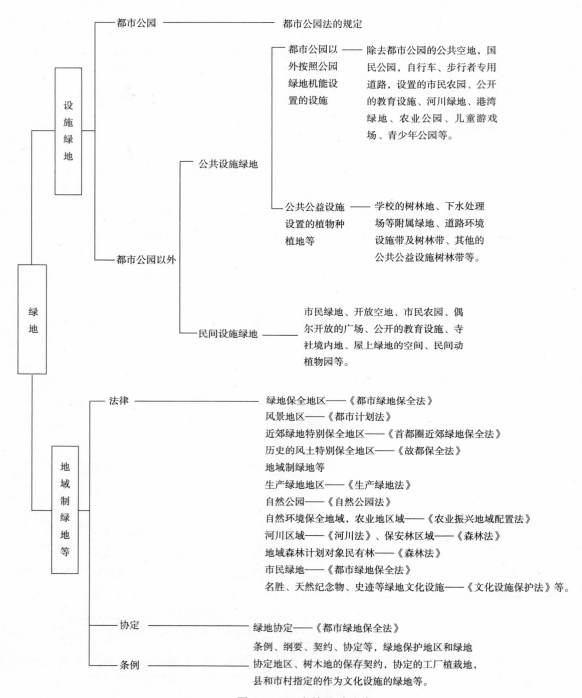

图 1-1   日本的绿地分类

1.1.2 公共空间的种类和效果

公共空间是在城市空间中未被建筑覆盖的空地，除交通用地外，还包括能被持续确保的空地。1975 年日本公园绿地协会《造园施工管理技术篇》中对公共空间的分类如图 1-2 所示。

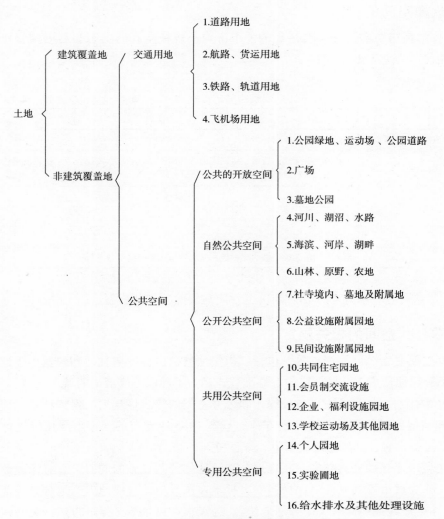

图 1-2 公共空间的分类
（根据日本公园绿地协会《造园施工管理技术篇》翻译整理）

城市公共空间的效果		表 1-1
景观构成功能	审美感、季节感、自然感、生命感、眺望性	
环境保护功能	滋养地下水、抵御土壤侵蚀、自然净化、野生生物保护、湿度调节、温度调节、防风、大气净化、噪声缓和、防尘	
防灾功能	防止崩塌、防止燃烧、诱导避难、避难收容	
休养功能	运动、游戏、汇集、鉴赏、教化、休养	

公共空间的效果，1976年被日本绿化中心定义为："景观构成功能、环境保护功能、防灾功能、休养功能四个功能分类"（表1-1）。

表1-1中城市公共空间的效果所示的四方面功能，是保持城市公共空间舒适性不可缺少的要素。

1.1.3　小规模空间的分类

1991年日本都市防灾美化协会主编的《市区内小规模空间的实态和利用调查研究》，对小规模空间的分类见表1-2。

小规模空间的分类　　　　　　　　　　　　　　　　　　　表1-2

区域	分类
与小公园、儿童游园关联的空间	儿童游园、小广场、绿道、绿地等
与道路关联的空间	交通岛、沿道路的斜面、道路维护管理用的器材场地、高架桥下、步行的植栽地、停车场、自行车存放处等
与河川关联的空间	码头、广场、桥上小广场
与铁路关联的空间	地下铁出入口、车站内、车站广场等
建筑附属空间	公共设施等周边
其他	寺境内、纪念牌周围的疏林地、未利用地（暂时的空地）等

从表1-1、表1-2中，可以看出都市公共空间与绿地的各种分类。

1.1.4　日本公共空间的相关规定

城市公共空间是指公园、绿地等。包括：指定地域，由良好树林地和农业用土地、地域制绿地、私有绿地构成。这些有机的计划配置，是为了确保形成舒适的城市环境。

绿化的基本计划，是为了安排各种绿化和公共空间的综合性规划、保护计划，根据每个城市的具体情况制订计划、确定计划方针。日本1985年颁布的《都市绿化推进计划》，不仅适用于都、道、府、县，还运用于市、町、村。

为了充实城市绿化和公共空间，在规划公园绿地等公共设施的同时，私有绿地的保护也十分重要。作为城市规划制度、保护制度，日本在风景地区、绿地保全地区有《都市绿地保全法》，在生产绿地地区有《生产绿地法》。为谋求在风景地区促进自然景观与建筑行为等的协调制度，在绿地保全地区、生产绿地地区，作为地域、地区制度，在土地利用方面形成一定限制，是保护绿地的政策。

1.2　城市公共空间的各种讨论

1997年，建设省的城市计划中央审议会得到了答复"今后的城市政策应有的样态"，指出："人口、产业集中的城市，形成城市化社会"，指出城市政策历史性转换的必要性。还有都市交通、市区规划会议指出的城市规划转换的重要性："城市社会经济的动向和城市规划的基本战略"，从"量的扩大型"向"质量的充实型"转换，因为随着国民的大多数成为城市居民，产业、文化等的活动空间作为共同所有场所，展开向成熟的"都市型社会"转移，不再追求都市的扩张，而是推进"城市的再构造"，指出：重视身边城市空间的舒适性，在致力于良好环境形成的同时，调动市民参加城市创造的热情。作为城市规划推进方法的改革，作为"现在为止活用社会资本、空间作为市区的设施支撑地域的经济和交流，再整备、再构造的重要性"，表明了在既成市区再规划的方向性。这样在城市生活环境方面的规划，从把市区的扩大作为前提的计划，以市民的视点使城市活动的场所有机地连接为一体，要求向着能构成丰富的生活环境的计划转换。

在这种情况下，人们日常性的重要的空间之一便是公共空间。关于公共空间的作用，关口提出："有保健、卫生、休养、体育、娱乐、教化、保安、风景等目的的土地"。还有建设省提出的作为："防止市区无秩序扩大，有助于人们与自然互相接触，形成交流、休养、防灾等空间的效果。"另外，在 1995 年的城市计划中央审议会公园部会的答复中，记述了："建筑物等屋顶和人工地盘的绿化，建筑物的地基内被设置了开放空地，作为在困难的市区中贵重的绿色和作为公共空间担负重要的作用"。还在 1997 年度的城市计划中央审议会的答复"对应环境问题，景观形成等新的潮流"中提出了："身边的道路、公园等的空间作为高质量的公共空间系统的规划"。从此，在城市的建筑用地和交通用地中，公共空间能够持有的各种各样的实现可能和机遇，也被社会所理解。

从以上的论述中可以了解到日本在对应城市化社会过程中，对都市公共空间规划的要求和过程，以及形成的背景。

表 1-3 中是根据提出年代的顺序，整理出的日本关于公共空间的定义方法，是关于公共空间的主要的议论。

根据既往的文献可以将城市公共空间的样式概括为：①与人们行动的关系；②与自然环境要素的关系；③与历史和传统性意义的关系；④与人们往来道路的关系；⑤与市街地计划关系的视点。

1.2.1　与人们行动的关系

杉本的《城市的公共空间》认为，在被确保了的公园和民有地的开放空地，以人们心理的反应和行动进行研究。有北口、古田把居民的园艺活动作为基调的"住宅周围空间"的研究，还有北原的从建筑内部空间和外部空间角度切入的研究。在各种各样的空间中，研究人们的行动和环境的关联性。在心理学领域，爱伦·W·威克（Allan W.Wicker）和 R·G·巴克（R.G.Barker）以及 H·F·莱特（H.F.Wright）提倡"行动场面（Behavior Setting）"概念的有用性。凯文·林奇（Kevin Lynch）表示了"行动"、人和环境、函数的想法，根据行动观察，对各种各样的空间特性进行把握。在社会学领域，这样的研究方法有 E·高夫曼（E.Goffman）的"社会的场方面"的想法。从人们相互关系的视点考察城市中各种各样的空间中人们的"集会"行动，从人们交流的限制状况认识社会秩序。

1.2.2　与自然环境要素的关系

以植物生长可能的空间和人的关系为出发点，对各种各样的空间进行把握，久保的"造园空间"，是以造园计划为对象基础的空间捕捉方法。久保、安部、宫崎、中濑、上甫木、伊东,把土地利用特性作为基础,把在市区的绿地的保存以及形成条件的设定手法,作为"绿地空间"的基本认识；还有久保、中濑、安部、增田、下村的研究,从把握地域居民绿化的视点,把市区内的绿色空间分为"公共绿地"、"私人绿地"。还有藤冈的把与白天人口相对应的绿色和公共空间,作为"潜在力的公共空间"。对应各种各样的土地利用,表示了绿化的必要性。

田烟的"现在都市空间",以为人们提供"共用空间"的视点,使居民共同参与规划、管理运营,对空间意义重新评估。

田烟、舆水、井手、田代的"共用空间"被定义为"无论是不是空间的所有者,那个空间的机能和存在,供地域的居民享受"。并且,把道路及沿途的绿色作为基础,进行了"实用的共用空间"和"知觉的共用空间"分类。有关"共用空间",还有中村、木下等人的研究。

品田、杉山、立花的研究,从自然生态学的视点,将城市空间作为必要的空间,是人的行动和生物的环境诸要素共存的空间,作为相同的基本认识,还有松浦、高谷的作为自然环境要素之一的水面,从与人的关系视点,探讨了"水边空间"的基本认识。

1.2.3 与历史和传统性意义的关系

法国人 A·贝尔凯（A.Berque）的研究,把日本历史文化和空间的关系作为基础条件,把公有的"外"和私有的"内"的秩序,缓冲地带的物理空间作为"境界域"的捕捉方法,展开对日本固有的传统性空间意义的解释。像这样的境界研究的事例,在造园领域还有齐藤、糸贺、藤井等人的一系列研究,还有菊竹的对日本式和西式住宅的比较,私人空间领域和公共空间领域适度的"重层空间"的存在,作为对人们来说在精神、感觉上接连的空间,成为"共有空间"。还有在城市建筑史领域宫本的研究,都市街道设置和街道历史性的社会秩序关系的"公仪",从"公界"的视点考察与"公"的概念形成,表示着在城市的"公共空间"成立的背景。宫城从历史性的侧面对私人空间、被确保了的公共空间"庭"的意义,进行了一连串的研究。

1.2.4 与道路的关系

建筑领域的研究者鸣海,从历史的角度重新评估了作为人们活动场所的作用,提出了"自由空间"和"拘束空间"的概念。"自由空间：非特定人群,可能一时地自由利用的空间","拘束空间：被特定人群永久性地利用的空间,或是被特定人群一时地利用的空间"。并且指出,在城市中"自由空间"的重要性,道路和沿途宅地形成一体的"近邻型自由空间",供神社和寺院院内等的娱乐,作为"繁华地区型的自由空间",这样的空间的规划成为对今后重组城市空间的重要工作。同时,美国人 W·H·怀特（W.H.Whyte）,通过观察在各种城市道路空间中的行动方式, 以及在都市广场中的各种逗留和交流方式,提出再生的必要性。对道路空间和生活环境质量关系的研究事例还有三村、池原的"道路空间"评价指标,以及渡边的"地方自治团体公共空间",下村的"步行空间"的基本认识。

1.2.5 与市区计划的关系

都市中有各种各样的空间,为了提高生活环境,理论上,我们以单位领域为市区计划的视点，把市区分成几个单位进行研究。

英国的 E·霍华德（E.Howard）建议了理想的配置：人口约 30000 人，半径约 1.2km 的圆形的小的田园城市的设想，各住所最大约 235m 的范围内，配置宽度约 12m 的绿荫道，其中有公园、公立学校、运动场、庭园、教会的地区单位。同时，美国的 C·A·佩里（C.A.Perry）指出了使田园城市发展的想法，注意养育孩子的家庭在近邻社会的重要性，从生活者的视点把城市近邻住区作为单位进行计划。这个近邻住区，以小学校区（面积约 3.5hm^2，上学距离约 400m）构成近邻社会中心，规模为：每一个周边长约 800m 的街区，人口为 4000~9000 人左右。这个近邻住区的想法，在日本也被作为道路、公园、学校等的公共设施配置的单位，以"住区"作为都市计划制度，人口约 1 万人的规模构成小学校区。还作为在土地利用中调和住区的体系和形成秩序。现在的福冈县以居住人口 8000 ~ 10000 人，设置一个小学校区，目前，全市共有 141 个小学校区。

另外，田村还提出"市区中个别地基和道路等相互关系的市区计划"。在环境计划的方法中，都市空间大体分为："公共空间"和"个别空间"。"公共空间"包括城市、公园、河川、湖沼等城市的骨骼空间；"个别空间"包括建筑、建造物的空间等。把"个别空间"作为非特定的空间，称为"公共个别空间"；作为限定的空间，称为"私人个别空间"，这体现了"相互关系设计"的重要性。

还有中村、北村等人提出的"重层空间"。表明了从都市计划的侧面，从都市设施和土地利用以及与人的关系，从城市土地的利用侧面，时间、空间、机能的多层性，着眼于"多层空间"的构思，进行空间的经营和城市景观的计划。

还有增田、安部、中濑、下村等人对人们行动视点的研究，"日常生活行动领域"的认识。

根据以上的基础认识，公共空间应该以能够接近为前提，形成供人们集会、逗留的场所，自然的动植物和水边等自然环境诸要素与人们互动的场所，都市传统和个性的场所，自由通行的场所，近邻交流的场所等。为在都市中的人们的各种活动，提供功能各异的场所。保证人们进行不同类别的生活体验，作为提高生活环境质量的重要空间。以上内容基本可以对与生活相关联的空间有一定的概括。

城市公共空间的议论 表 1-3

城市开放性空间	年代	视角、特征
池田宏的自由空地	1914~1931 年	道路、河川、运河等以外的空地，在法律中被保护的未被建筑物覆盖的土地
大屋云场的自由空地	1924~1930 年	卫生效果
上原敬二的自由空地	1924 年	道路、河川、运河、港湾、铁路、市场等用地以外的空地
笠原敏郎的自由地·自由空地	1933 年	非建筑用地
关一的绿色地带	1928~1936 年	非建筑用地，不包括建筑附带的空地与交通区域，包含农耕用地、树林
饭沼一省的绿地	1927~1933 年	建筑用地以外的土地总称，建筑用地内的空地，铁路交通用地不在其内，包含农业用地、林业用地
北村德太郎的绿地	1927~1934 年	建筑、交通、商业以外的绿地
永见健一的绿地	1932 年	植被覆盖的土地

续表

城市开放性空间	年代	视角、特征
关口铁太郎的绿地	1932年	自然土壤覆盖的土地，不包括农地、山林，有利于市民保健、卫生、保安、城市的健全发展
田村刚的自由空地	1934年	尽可能没有建筑物的土地、公共性强的土地
井下清的绿地	1934年	植被覆盖的土地、开放的自由绿地、非开放的保存性绿地
东京绿地规划协议会的绿地	1939年	意向性空间，交通用地不在其中，长远持久的绿地
宫崎辰雄的开放空间	1968年	城市空间作为生活空间所使用，积极的开放空间
佐藤昌的开放空间	1969年	非建筑用地且交通用地不在其内（公共土地的所属关系、机能利用、存在的价值机能）
池原谦一郎的开放空间	1975年	公共空地，包括其他开放性空间的建筑用地、交通用地
高原荣重的绿地	1988年	确定的空地，城市公共性比较强的土地，一定程度上保证土地利用长久的土地

注：依据包清博之的《都市内生活关联空间计划论意义的研究》翻译整理。

1.2.6 对与生活关联空间的基本认识

在讨论生活环境的质量方面，凯文·林奇指出对人们环境的知觉性质量"在人活动的地方，感觉好，至少成为环境形态重要的结果之一"。像这样的环境质量形成的考虑方法还有G·艾克伯（G.Eckbo）指出的："我们的经验，利用实际的物理的景观，是建筑物和道路以及公共空间，树木和其他多种物理要素的构造体。这些要素详细的设计形成的关系，决定了景观实际的质量"。人们能有真实感的环境质量，与建筑物内部、外部空间、地基邻接的建筑物及公共空间、道路和公路、近邻住区和地域社会、地方规模的建筑物和公共空间及道路等各种各样的关系设计是分不开的。还有河村等人提出的："构筑具体城市空间时，应按照地域特性和一定的韵律去创造'物理空间'，以制作创造'交流'为目标。"

1.3 公共空间的形式

1.3.1 根据建筑与建筑群的平面、立面、立体形状的分类

根据对公共空间实例的调查分析，依据外部空间的构成，地表建筑物和构筑物的断面形状，人们的行动以及外部空间机能的考虑、分类，可以归纳为六种类型。这六种类型是：①广场，被建筑物围绕的空间。表现形式有：广场、中庭、节点。②缝隙，建筑物的缝隙空间。表现形式有：建筑之间的间隙、拘谨的地域。③后退，建筑物后退的空间。表现形式有：窄走道、前庭。④覆盖，被建筑覆盖的空间。表现形式有：建筑下部腾空、拱廊、桥梁、中庭空间。⑤抬高，地面抬高的空间。表现形式有：台阶、人工地盘、露台、丘、填土。⑥下沉，地面凹下去的空间。表现形式有：花园、池、圆形剧场（图1-3）。

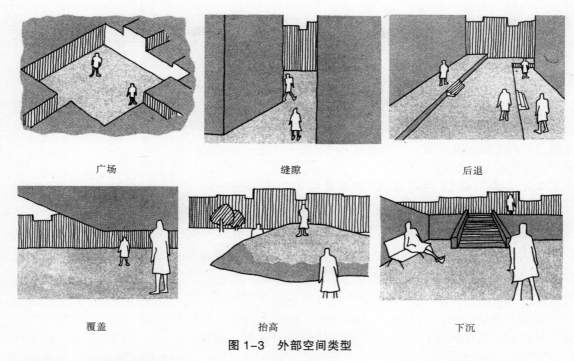

广场　　　　　　　　　缝隙　　　　　　　　　后退

覆盖　　　　　　　　　抬高　　　　　　　　　下沉

图 1-3　外部空间类型

1.3.2　广场的类型

按照美国 20 世纪 80 年代，根据城区空间的尺度、用途以及同街道的关系、风格、主导功能、建筑形式、位置等对城市广场所作的划分：

（1）街道广场：这种类型的广场紧临人行道，和街道相连。它有时是人行道的拓宽，有时是道向空间的延伸。通常用于短时间的歇息、等候和观看。

（2）公司的前庭：主要引导行人走向一栋重要的建筑，为公司提供一个美观的入口形象。

（3）城市绿洲：这种类型的广场植物占较大比重，形式上比较像花园和公园。

（4）公交集散广场：这种类型的广场是在使用率高的汽车站、地铁入口、电车站等行人疏散处的广场性质的空间。

（5）街道作为广场、步行和公交商业中心、大型公共场所。这里揭示的空间，作为市民歇息的场所。

1.4　高层建筑容积率奖励制度

1.4.1　高层建筑屋外空间的基础认识

1. 近代的高层建筑的出现

现代的办公大楼与私人企业的发展一起出现，是随着近代工业的兴起而出现的。现代的办公楼以（1819 年）伦敦的 County 火灾保险公司为开端，之后还有 Westminster 火灾保险公司（1829~1830 年）、Westminster 损失保险公司（1832 年）、Sun 火灾保险公司（1841~1842 年）的建设。这些办公大楼，占据了城市的中心部位。

2. 建筑的层数划分

根据日本《城市计划法》中,关于住宅区的住宅设施化划分为: 低层 1~2 层,中层 3~5 层,高层被认为是 6 层及以上。

在《消防法》中,高层建筑的高度为超过 31m 的建筑(第 8 条 2)。

在《建筑基准法》中没有关于高层建筑物的定义。但,把高度 60m 作为建筑物的结构耐力量决定不同的基准,高度超过 60m 的建筑物是超高层建筑物。根据这样的解释,高层建筑物的上限高度是 60m,超过那个高度的被称作超高层建筑物。

1.4.2 美国建筑容积率奖励制度与公共空间

20 世纪 50 年代末至 60 年代初,城市步行空间混乱不堪的困境开始受到重视,在法律许可的前提下,曼哈顿一些很出名的新办公楼牺牲建筑面积,创造出美国的首批现代步行广场。1961 年《纽约新分区法》规定,通过提高容积率来刺激地面步行广场和拱廊街道的建设。建筑物底层架空和为了解决通风和日照,建筑物从上部层层后退,建筑的前庭等对市民开放。例如,在曼哈顿密度最高的街区,开发商在临人行道一侧提供了 1 个单位的开放空间,作为对放弃这一地面空间的回报,开发商可以在高度上额外增加 10 个单位的建筑面积。1977 年关于住区公园设计的规定被制度化。这时,开发商尝试执行容积率的补贴奖励。1982 年《都市规划法》制定,附加了特别是供人集结的中间地区广场的设计关系等条例。都市广场政策于 1987 年 2 月被进一步改定,对市民生活环境的进步起着重要的作用。

随着新法的实施,曼哈顿的高层建筑几乎都配置了公共开放空间。问题是这些新建广场陷入了建得越多越好的误区。在这种情况下,出现了一些完全脱离了人们的需要,而且缺乏人活动的广场。

随着奖励机制的实施和城市规划部门的要求,高层建筑开发商为城市提供开放空间,建筑和户外空间之间的界面出现了许多形式。在奖励制度实施之前,高层建筑占满整个场地,建筑立面临近街道;后来,建筑基座开始抬高,基座顶部有时可以开放供人使用;随后出现了绿地中的塔楼,建筑只占绿地中的一部分。这些优美的户外活动空间把顾客吸引到商业机构中来,提高了楼宇租赁人员的满意度,同时可以增加楼宇所在地的声誉。

华尔街的部分大楼和大楼之间的狭窄空间里,入口乱,视界也不好,街道日照少。从历史上看,南纽约都市开发推进的结果是保存建筑多,替代重建是不可能的,纽约当局对大楼的现状环境提出疑问。

正因如此,在金融中心和繁华商业街双壁之间建设了袖珍公园和大规模的公共空间,比如:世界贸易中心的广场、曼哈顿大通银行前广场、Trinity 协会的公园等。以曼哈顿涵盖 11 个街区的南街海港所代表的地区,是市民和来访者喜爱的场所。大概从纽约宾州车站附近的 30 丁目北,到中央公园的南端之间,东西方向从 3 号大街到 9 号大街的范围,被称为特别中间地区,和街市的景象大不同的是,它既是商业区,同时又形成了像日本东京都的霞关和丸之内地区的融为一体的环境。另外,它还创造出了相当于把新宿、赤坂、六本木有序排列的环境。这个地区包含的地段有:百老汇、洛克菲勒中心、著名酒店区、5 号大街上的名牌店、交通枢纽站、Port authority 等，不胜枚举。这些地方已成为吸引人们的磁场。

1.4.3 日本高层建筑中的开放空地

自从 1923 年的关东大震灾以后，日本建筑法规不允许建造高层建筑，市区的建筑物限制高度为 31m。第二次世界大战后对抗震抗风领域作了大量的研究，根据来自结构设计方面技术的可能性，在 1956 年当时的国营铁路的丸之内总社拟建 24 层的设计方案，是日本超高层建筑规划的开端。1964 年 8 月建造了第一幢 17 层的新大谷旅馆。经历了 37 年左右，在地震大国日本，超过 31m 的建筑物群也形成了。

高层办公空间是经济活动的事务空间，在建筑构成中含着事务性的功能空间。工业革命以后，在经济的发展中，居住与工作等业务性空间逐渐分离，提供经济活动专用的建筑物被建造，高层办公室诞生了。高层建筑的类型有制造公司在城市设置的总社、物流公司的事务所、银行或是各种各样的经济组织和文化团体等连锁机构。

东京现在正是世界商务、金融中心，办公室空间需求增多，与此同时国际水平的办公环境质量也被关注。

另一方面，随着办公大楼的高层化，超高层建筑不仅在东京同时也在全国各地不断兴建。必须考虑高层建筑与周边城市环境的关系、公共空间的取得方法、对街道景观的影响等问题，保持与周边环境的协调。人们在办公大楼中度过的时间越来越长，因此也要注意以人为本的空间设计，创造工作和生活共存的场所。

在日本东京都的汐留、品川、丸之内、六本木地区有许多高层大楼，高度约在 200m，容积率发展到 10 ～ 13 以上，这里的高层建筑群表现了副都心的气派。已形成密集的高层楼群，成为新宿高楼街以外的迷人景观。

1. 开放空地

开放空地是在高层建筑中获得容积率奖励之后获得的空地，在日本综合设计制度中被称为“公开空地”。

本书将“公开空地”翻译成“开放空地”，在研究中所有与“公开空地”相关的词汇，均使用“开放空地”。

2. 开放空地的种类

按照综合设计制度的划分，开放空地有五种类型；①步行道状空地；②贯通通路（建筑群落中的交通）；③屋内贯通通路（高层建筑底层的内部空间）；④中庭空间；⑤广场状空地。

高层建筑中的开放空地是指高层建筑的周边和与街道之间未被建筑基地占领的剩余空间。它是建筑与建筑，建筑与街道或城市之间的“中间领域”，也被称为“缝隙式空间”，也是一种有秩序的人造空间类型。

由于高层建筑的不断发展，其已经成为城市景观的主要要素之一，所以这种空间类型受到重视，并得到了很大的发展。尤其是在地区的综合开发中，进行建筑与外部空间的一体化规划设计，从单栋建筑与周围的关系发展到高层建筑群形成整体式城市公共空间。在外部空间的构成形态方面，创造了开放空地的网络化，诞生了许多新的空间类型。开放空地属于都市公共空间网络中的组成部分，有许多政策法规以及详细设计方法，值得深入研究。

1.5　高层建筑低层部分的功能设施与空地

1.5.1　低层部分的公共空间

大楼低层部分设置的各项设施、设备，是大楼必备的功能和运营服务的条件。作为功能上的用途，有入口大厅及停车场、维持管理关联设备、与垃圾关联的储备仓库和与防灾关联的空间等。还有制冷和暖气机械设备、变电站、水处理设施、防火水槽等。

运营服务上的用途，需要对包含了大楼内外的服务对象进行市场调查，从大楼居住者服务的便利性，从房租收入着手，设立物品贩卖、饮食等店铺，银行、邮局等公共便利设施。

1. 入口大厅

入口大厅是来访者确认、联络、等候的场所。作为重要的动线功能，电梯大厅是组织竖向垂直交通重要的枢纽空间。

2. 维持管理

大楼的维持管理，有各种设备的运行和防范、防灾、清扫、垃圾处理、停车场管理等。

3. 停车场

需要从大楼的内部需求和周边的利用状况等进行调查，估计停车场的停车台数，设定合理的停车场规模。

4. 大楼外部

对于超高层建筑脚下的环境，把开放空地作为法定环境进行建设，不仅仅从法律的观点看，从城市的观点看，它也是环境规划的重要一环，应该积极地把握。比如：赋有魅力的广场和公共性强的中庭空间等，需要以恰当的形式进行设置，创造出舒适的空间，使其成为构成城市公共空间网络的一部分。

1.5.2　低层部分公共空间的用途

一般认为，外部空间是人的移动（走）、停留（站立、坐）、集会的公共场所。开放空地中有地面的高差 （花园、台阶）、水（池、流水声、瀑布、喷泉等）、雕刻、植栽、夜间照明等重要设施或构成要素。另外，植栽在高层建筑中有防止高楼风的作用，对有效防风树种的选定和树的大小、配置位置等也需要进行调查研究。

1.6　日本高层建筑中开放空地的特点

高层建筑中最有魅力的部分是公共空间。公共空间多设在高层建筑的下部，一定规模以上的高层建筑和超高层建筑的底部和地下，除了公共活动空间之外，还常常布置有商业、餐饮业和娱乐设施。20 世纪 70 年代时，日本超高层大楼的地下就已经结合商业附设开放的下沉式广场，使地下空间与地面贯通。如东京新宿的三井大厦、住友大厦和池袋的阳光大厦等，就都设有下沉式的休闲广场，将庭院绿化、喷泉跌水引入地下层，在喧闹的市中心形成了一个个相对安静的休闲场所。

1.6.1　早期的开放空地

　　早期建设的超高层大楼多独立性很强、楼群之间互不连通，公共活动空间都是孤立的，与城市环境没有什么必然的联系。

1.6.2　现代高层建筑中的开放空地

　　20 世纪 80 年代以后，日本的高层建筑设计才开始真正重视公共空间的组织创造及其与城市空间环境的关系，至 90 年代时更全面地将城市空间和城市交通引进了高层建筑的内部。高层建筑的周围环境和底部空间的设计不仅更加丰富，而且与城市交通系统也有机地连接了起来，高层建筑的底部空间也开始成为设计的重点。地铁、高架轻轨铁路、地下停车场等，通过地下和空中的连接通道，与高层建筑的底部相连，形成了一个完整的、立体化的高层区域交通网络，这些已经成为当今高层建筑对外交通流线组织设计的发展趋势。

　　（1）空间化：日本大阪西梅田的地下城即与高层建筑的公共空间紧密连接，汐留地区的超高层建筑群则利用高架天桥将高层建筑群和高架磁悬浮列车连接起来。这种从城市设计的角度出发组织城市空间和城市交通的方法，不但缓解了高层区域交通的压力，提高了高层建筑底部公共空间的利用率，解决了人车分流问题，而且也有效地改善了城市空间环境的质量，给城市中心区注入了新的活力。

　　（2）大中庭：大中庭是超高层建筑中公共空间创造的另一种手法。比如："新宿 NS 大楼"、新宿 "Park Tower" 等也是服务于城市的公共活动场所。

　　（3）综合化和集约化：单体建筑 "综合化"，群体组织 "集约化" 的发展方向，侧重于对大规模高层建筑集群的建设和开发进行一体化的设计施工，由若干层联结在一起的一个整体建筑，是统筹组织各单体建筑的功能结构、建筑空间和交通流线的建筑群。其典型实例有：品川城、六本木建筑群等。

　　（4）一体化：日本自 20 世纪 70 年代初即开始了大规模的高层建筑群的开发，超高层建筑大多集中在一起建设，把城市公共活动空间的创造和地区环境的整修进行一体化处理，注重高层建筑与城市交通网络的连接和底部公共空间的立体化开发。比如：东京的大手町、西新宿，大阪的西梅田、汐留地区等，已经成为日本现代化的象征。

　　日本是非常重视高层建筑群体的开发和建设的，而且在设计上，也比较强调群体空间的造型效果和整体的城市轮廓、天际线。

1.7　小结

　　开放空地在特定街区制度和综合设计制度中被作为容积率和建筑覆盖率的条件，在高层建筑设计中是必须遵守的，具体内容都有明确规定。

1.7.1　开放空地的特征

　　计划的目标：无论是谁都能自由使用的空间；具有洗练的外观及再现自然的功能。开放空地是建筑设计的重要内容之一，它也应该是街道的有机组成部分，并与街区的文脉相谐调。

开放空地的机能及艺术效果也是建筑业主与设计者对社会认识的具体表现。在合理运用设计制度的基础上，在该地区容积率和建筑覆盖率许可的条件下，各方共同努力进行开放空地的创作，这本身也是对社会和城市的贡献。在城市人造峡谷中，开放空地具有再现自然的功能，对于微气候的改善和鸟类生息环境的确保以及创造景观美起着重要的作用，它的功能能够活跃一个地区，以至于整个城市，它是人们生活和活动的舞台。开放空地的设计手法常采用建筑后退，道路与开放空地巧妙结合，建筑用地内空地不断增加，步行空间连续等手法。

1.7.2　空间特性与绿化特征的相互关系

城市景观如何才能恰当地表现于建筑之中，建筑空间怎样才能更好地与城市空间融合为一体，开放空地的设计发挥着重要的作用。日本的开放空地的设计，对这一课题进行了一系列的尝试。

1.7.3　绿化特征

高层建筑的绿化，通常采用将庭园基本元素设施化的手法，这些设施化的造园素材，在人工地盘中的运用，迎接着过往行人，为人们的城市生活服务，同时也加深了人们对环境的感受。

高层建筑中的"绿色"一词并不单纯地意味着树木和花草，要将其作为拥有自然、乡土、季节、人文等诸多含义的词汇加以理解和运用，以创造丰富多彩的景观环境。从这一设计理念的基本点出发，进行设计实践活动，要力求实现从最初的在设计中增添绿色，进而发展到让绿色融入每个人的心中。日本的开放空地的设计，创造出了一些领先时代潮流的作品。比如：大手町第一广场，设施化的庭园要素的运用，创造了良好的空间效果，这些富有生命力的造园要素更加深了人们对环境景观的感受。再如大阪西梅田地区的空地设计，创造了地下与地上相互通透的立体化形式，提高了地下空间的舒适度。开放空地在城市中如何解决环境与人这一课题方面，具有越来越重要的意义。开放空地的设计不仅仅是追求美感或是某种观念，它还必须吸收社会因素，在创造艺术的同时，也要创造时代的文明。

本章参考文献：
［1］杉本正美 . 都市公共空间的意义 [M]. 福冈都市科学研究所，1995.
［2］包清博之 . 都市生活关联空间计划论的意义 [J]. 景观研究，2000（64）.

第2章 开放空地的相关政策

在日本的城市建设中，谋求确保开放空地，调节缓和容积率和斜线限制等，形成了各种法律、制度、纲要。

本章对日本《建筑基准法》中审批许可的内容：综合设计制度，以及在《都市计划法》中决定的内容：城市再开发、高度利用地区、特定街区制度中与开放空地有密切关系的四种制度进行简要的介绍，同时还对《2008年福冈市综合设计制度要领》进行了介绍，但是，由于以上法律和制度经常有所更新、修改，所以，具体的内容还请参照最新的标准，以及各地的政策法规。

2.1 日本的《建筑基准法》

日本的《建筑基准法》颁布于1950年。这部法律，规定了有关建筑物的用地、构造、设备及用途的最低基准，以达到增进公共福社和有助于国民健康为目的。

城市人口的增加，建筑物的高层化，均以高度利用土地为目的。关于建筑的容积率、建筑的覆盖率、斜线限制（沿道路斜线、邻接地斜线、北侧斜线、高度限制）、高度利用地区限制、日影规制、地区计划限制等，条文中都有明确规定。1964年在《都市计划法》中已经确定了10种容积率地区，8种土地使用分区，引入了容积率作为建筑容量的限制规定。土地使用区划是日本城市土地使用规划体系的核心部分。到1993年，城市化促进地域被划分为12类土地使用分区，包括7类居住地区、2类商业地区和3类工业地区。在不同的土地使用分区内，依据《都市计划法》和《建筑基准法》，对于建筑物的用途、容量、高度和形态等方面进行相应的管制。土地使用分区是为了避免用地混杂所造成的相互干扰，维护地区形态特征和确保城市环境质量。12种土地使用分区，根据住宅、商业、工业等建筑物的用途适当地分配，规定城市土地利用的基本构造、建筑物的斜线管制，界定了建筑物的"外壳"，以确保城市环境质量的最低限度（特别是日照要求）。在斜线管制的"外壳"之内，建筑物的形态设计是完全自由的（表2-1、表2-2、图2-1）。

土地使用分区的种类   表2-1

		居住类	商业、工业
第一种低层居住专用地区	低层住宅，为了保护良好居住环境的地区	住宅环	类店铺，工
第二种低层居住专用地区	以低层住宅为主，为了保护良好居住环境的地区	境优先	厂优先
第一种中高层居住专用地区	中高层住宅，为了保护良好居住环境的地区		

续表

第二种中高层居住专用地区	以中高层住宅为主，为了保护良好居住环境的地区	居住类住宅环境优先	商业、工业类店铺，工厂优先
第一种居住地区	为了保护良好居住环境的地区		
第二种居住地区	主要以保护良好居住环境为主的地区		
准居住地区	以沿道为地域特征，增进业务便利的地区，以及与之调和的保护居住环境的地区		
近邻商业地区	以提供近邻住民日常用品为主，以及增进其他业务便利性的地区		
商业地区	主要以商业及其他业务便利为主的地区		
准工业地区	以防止环境恶化、增进工业便利性为主的地区		
工业地区	主要以工业利用、增进便利性为主的地区		
工业专用地区	为了增进工业便利性的地区		

土地使用分区的建筑密度和容积率限制　　　　　表 2-2

用地地区	建筑密度	容积率	
第一种低层居住专用地区	40%	0.6	居住类条件严格
	50%	0.8	
第二种低层居住专用地区	50%	1.0	
	60%	1.0、1.5、2.0	
第一种中高层居住专用地区	50%	1.0	
第二种中高层居住专用地区	60%	1.0、1.5	
第一种居住地区	60%	2.0、3.0	
第二种居住地区	60%	2.0	
准居住地区	60%	2.0	
近邻商业地区	80%	2.0、3.0	
商业地区	80%	4.0、5.0、6.0、7.0、8.0	
准工业地区	60%	2.0、3.0	
工业地区	60%	2.0	
工业专用地区	60%	2.0	

　　《建筑基准法》的前身是《市区建筑物法》，是最早在日本全国范围适用的法规，1920年开始实行，适用于当时的 6 大城市。在《市区建筑物法》中，限制建筑物的绝对高度，在商业地区为 31m，居住地区限定为 20m。

　　在进行绝对高度限制的同时，还进行了依据建筑物前面道路宽度的道路斜线限制。建筑物的高度必须控制在建筑物前方道路相对一侧起 1.5 倍斜边的斜线之内，居住地区限定在 1.25 倍之内。制定绝对高度限制与道路斜线限制主要是考虑到卫生、安全、交通三大因素。

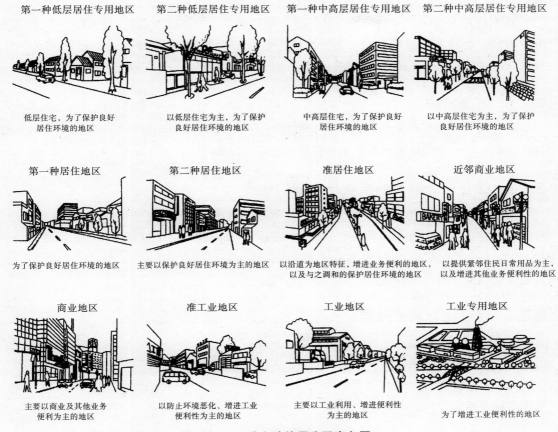

第一种低层居住专用地区　　第二种低层居住专用地区　　第一种中高层居住专用地区　　第二种中高层居住专用地区

低层住宅，为了保护良好　　以低层住宅为主，为了保护　　中高层住宅，为了保护良好　　以中高层住宅为主，为了保护
居住环境的地区　　　　　　良好居住环境的地区　　　　居住环境的地区　　　　　　良好居住环境的地区

第一种居住地区　　　　　　第二种居住地区　　　　　　准居住地区　　　　　　　　近邻商业地区

为了保护良好居住环境的地区　主要以保护良好居住环境为主的地区　以沿道为地区特征，增进业务便利的地区，　以提供紧邻住民日常用品为主，
　　　　　　　　　　　　　　　　　　　　　　　　以及与之调和的保护居住环境的地区　以及增进其他业务便利性的地区

商业地区　　　　　　　　　准工业地区　　　　　　　　工业地区　　　　　　　　　工业专用地区

主要以商业及其他业务　　以防止环境恶化、增进工业　主要以工业利用、增进便利性　为了增进工业便利性的地区
便利为主的地区　　　　　　便利性为主的地区　　　　为主的地区

图 2-1　12 种土地使用分区意向图

2.2　综合设计制度

综合设计制度创立于 1970 年，在建筑用地内，为步行者提供日常自由通行以及可以利用的广场、步行道、植物池、公共卫生间等的开放空地，是创造良好的市区环境的手段。1963 年 7 月，建设省的《建筑基准法》被修改。在采用了容积制的地区，建筑物的高度可以超过 31m。1964 年 10 月，对东京的环状 6 号线内侧的地域，导入容积制。

为了确保步行者的使用空间、土地的高度利用，把空地的规划作为中心，谋求改善市区环境，采用性能型基准，对于市区环境形成积极贡献的项目，进行高度限制的缓和，以及容积率补贴。

适用综合设计制度的必要条件：一定规模以上的地基面积，确保一定规模以上的空地，建筑用地内作为步行者日常能自由利用的空地，比如：广场、人行道、树丛、水池、公共厕所等。建筑用地与一定宽度的道路相连接。

在城市再开发地区采取提高容积率作为奖励的措施，但要求开发商提供公共设施和开放空间，以确保城市的环境质量。因此，城市再开发的街区规划被认为是一种"有条件的规划"，对于高强度开发所带来的超额利润进行社会再分配。

日本的特定街区制度与综合设计制度，其目的在于增加建筑容积的奖励，以保证都市开放空间，促进都市机能优化。美国最初的立法在于使高密度使用地区，保留开放空间，使民众有更好的都市生活环境质量。日本又将这种制度注入了都市防灾功能。

2.2.1　制度特征

综合设计制度是特定行政部门对建筑用地大、有足够空地的建筑物，以及对《建筑基准法》规定的一部分建筑形态限制作出特例许可的制度。

2.2.2　综合设计制度的宗旨及法规的依据

对于综合设计制度，建设省综合设计许可准则中规定：推进适当规模土地的有效利用，并且，在建筑用地内确保一般日常开放空间的同时，以谋求促进良好的城市街区住宅的供给等引导形成良好的建筑物，并有益于城市街区环境配置的改善为目的。经过 30 年的实践，综合设计制度已成为建设超高层建筑时的一般手法。

2.2.3　综合设计制度概要

综合设计制度包括：①综合设计制度（一般型）；②城市街区住宅综合设计制度；③再开发方针适合型综合设计制度；④城市中心居住型综合设计制度。

与特定街区相比，容积增额的限度稍微少一些，由于规划的手续简便，所以成为了普遍采用的手法。

2.2.4　使用综合设计制度的效果

通过利用综合设计制度，使容积率限制、道路、邻近地段斜线限制得到缓解。但是，在东京城市中心部等地区，供办公用的面积在标准容积范围之内，增加的份额大多被作为商业设施、文化设施、住宅等利用（图 2-2）。

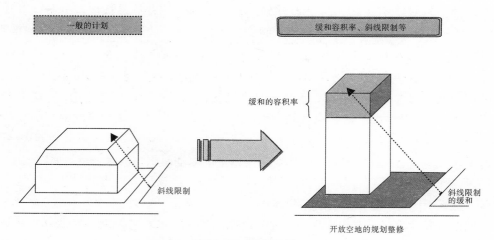

图 2-2　综合设计

所谓综合开发，就是将不同功能的空间主体结构相互融合在一起，以达到功能互补的目的，是一种实现新型的城市建筑空间的设计理念。综合开发是把多个不同功能、空间和主体与公共城市设施和公共设施构成一个整体，以密切相互之间的关系，或者相互补充功能上的不足，其结果是形成多种功能充分完善的系统。综合开发是对城市空间带来影响的土地与建设之间的关系。通过"城市基础设施"要素和"建筑"要素的高度综合，采用广场、公园步行街、人造地基等媒介要素，可使各个要素连接起来。在城市中重点推广这种综合开发方式，可减轻城市环境问题，引导城市的重新规划，能营造出各种不同的效果。

2.2.5　综合开发的多种可能性

引导城市中心区的形成；强化地区特征；促进地区繁荣；促进城市基础设施的完善；促进环境的改造；促进环境负荷的减轻。

2.2.6　综合开发的形式、分类

（1）叠层式综合开发；平面式综合开发；立体式综合开发。

（2）综合开发可以分为：商业设施，交通终点站，以水边、文化设施、公园、文物资源、道路等的有效利用为媒介或开发目的的分类。

2.2.7　综合开发的构成要素

1. 城市基本建设要素

在地区形成过程中，能把空间、功能和活动尽可能系统化，包括：公共交通设施、公共停车场、终点站等车站设施、河流以及城市的其他配套设施。

2. 媒介的分类

屋顶花园、步行道、建筑内部的中庭、水边散步道、人造地基、下沉式庭园、穿行道路、建筑整体空地、天桥、独立选址。

3. 建筑要素

在地区形成过程中对其中的空间、功能和活动的实际要求作出规定。

2.2.8　许可的基本条件

许可条件是由各地行政部门分别制定的，所以，许可标准因地区不同而有差别。下面是日本建设省的《关于综合设计许可准则的技术标准》。

1. 许可的基本条件

建筑用地规模在 $500\sim3000\text{m}^2$ 以上，当空地面积大于既定建筑密度的 $10\%\sim20\%$ 时，无论是得到哪一种放宽，都是许可的基本条件。

2. 建筑容积率的放宽

为了得到建筑容积率的放宽，建筑物的正面道路宽度要在 6m 或 8m 以上，必须有超过一定标准的开放空地。关于开放空地的定义和有效的计算等，均有详细的规定。根据这些规定，按照开放空地的有效面积进行建筑容积率的放宽。

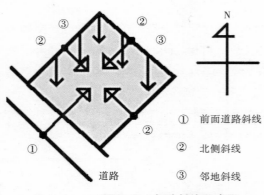

① 前面道路斜线

② 北侧斜线

③ 邻地斜线

道路

图2-3　各种斜线示意图

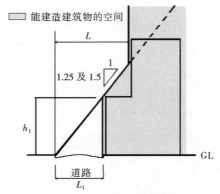

图2-4　前面有道路的斜线控制

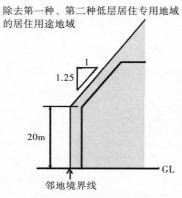

图2-5　邻地斜线控制

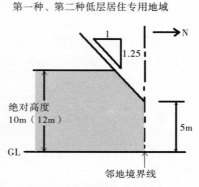

图2-6　北侧斜线控制（一）

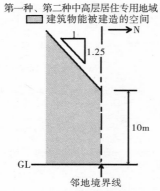

图2-7　北侧斜线控制（二）

3.绝对高度及斜线限制的放宽

在建筑物北侧的斜线限制中，可以通过计算来保证自然光。

由于城市的职能和地理位置的差异，各个城市的高度和斜线限制也不尽相同。根据用地的用途地域的划分进行控制。在福冈市建筑高度的限制为：①居住与工业的复合市区,30m（10层）；②市中心（受到航空法的限制等）；③中心市区和接近市中心的中高层住宅地，30m（10层）；④中心市区周边的中高层

图2-8　福冈博多的建筑斜线控制实例

住宅，25m（7~8层）；⑤沿道路的低层住宅，20m（6~7层）；⑥低层住宅地，10m（3层）。图2-3~图2-8所示为各种斜线限制及实例。

2.2.9 《2008 年福冈市综合设计制度要领》

综合设计制度是满足一定基地内必要条件的建筑计划，根据容积率限制和高度限制的缓和，使之提高设计的自由度，谋求形成良好的市区环境和对建筑物积极诱导的制度。

福冈市一边在建成市区谋求恰当的高度利用，一边促进供给质量良好的市区住宅，创设了特别的容积补贴方式（"市中心居住型综合设计"）。

另外，为了诱导形成良好的市区环境，运用了各种综合设计制度。比如：关于停车场及文化、福祉设施等的特定设施的建筑计划。还涉及"停车场的规划特例"、"地域交流设施等的规划特例"、"文化、福祉设施等的规划特例"、"福祉环境设施的规划特例"、"地域设施的规划特例"、特别的容积率计算（图 2-9）。

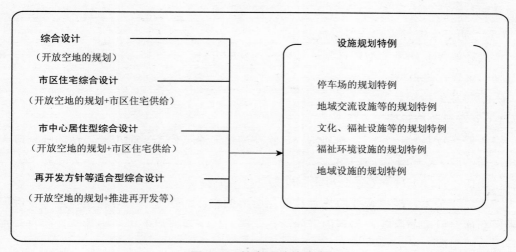

图 2-9　综合设计的种类

1. 运用方针

综合设计制度的运用，在福冈市实行一般方针，以及个别方针。一般方针是综合设计的基本理念，而个别方针，是对综合设计充分的探讨研究。

1）一般方针

（1）综合设计制度、容积限制以及高度限制的缓和，遵从本要领的许可基准，考虑建筑计划的内容、基地的位置、基地周围土地的利用状况、城市设施的规划状况等的勘察，进行综合性的计划。

（2）市区的再开发以及居住环境的规划事业计划，特别是市区环境的规划改善的建筑计划，是综合设计制度的宗旨。

（3）关于工业地域内的建筑计划，一边考虑基地周围的土地利用状况及地域特性等，一边安排应对的土地利用，致力于环境的协调等。

（4）关于居住地域内的建筑计划，一边谋求根据城市构造、地域特性的恰当的空间利用，一边致力于提高地域居住的环境质量。

（5）关于开放空地，谋求周边地区明确的利用计划。

（6）谋求形成良好的住宅，对应老年人的生活需求。

（7）其他，促进有关老年人、残疾人等自由地行动的法律，被称为《无障碍物新法》，是与《福冈市福祉城市建设条例》、《福冈市街景条例》相适合的政策。

2）个别方针

（1）"市区住宅综合设计"

把诱导在市区形成优良的住宅作为目标，提出形成质量良好的公寓的规划计划和附属设施的建议。

（2）"市中心居住型综合设计"

把在建成市区的对象地域诱导形成优良的住宅作为目标，提出将来的质量良好公寓的改造计划和附属设施。

（3）"再开发方针等适合型综合设计"

适合在高度利用型的地区计划区域内再开发的方针，把支持市区环境的规划改善和对建筑物的诱导作为目标。

2. 设施规划特例

1）停车场改造特例

（1）停车场与城市空间合并利用，排除在周边道路上停车，把市区环境的规划改善和道路交通的改善、停车设施的建筑物作为目标。设施的有效性，包含老年人和残疾人等利用者，比如：自行车对策等，要与政府机关进行事前协议。

（2）关于公寓，根据合并的住户数确保必要的车库，在地下有效利用空地等，诱导形成附属车库。设施的有效性与利用者的关系，要与以下政府机关进行事前协议：自行车对策科、规则制作支援中心。

2）地域地方自治团体设施等的特例

为促进地区交流活动，把支援育儿家庭、提高老年人的福祉等设施的建设，关于设施的必要性、对地域的贡献，要与以下政府机关进行事前协议：公民馆支援科、孩子未来局、保健福祉局经营者指导科。

3）文化、福祉设施等的规划特例

提高对市民文化、市民福祉的规划，把历史建筑物的保存等作为目标，关于设施的必要性、对地域的贡献，要与以下特定的政府机关进行事前协议：文化振兴科、保健福祉局。

4）无障碍设施的规划特例

把老年人和残疾人，安全舒适地利用设施，提高福祉环境设施的建筑物的建设作为目标，关于设施的有效性，要与政府机关充分地进行事前协议。

5）地域设施的规划特例

把中水再利用、地域制冷和暖气设备等公益设施作为目标，关于设施的有效性、管理营运等与政府机关进行事前协议。

3. 运用综合设计制度的再开发项目实例（表 2-3）

六本木地区运用综合设计制度的再开发项目实例 表 2-3

放宽事项	规定建筑容积率	放宽后的建筑容积率	空地率	成为建筑容积率放宽对象的公益设施
道路容积率、道路斜线	7.29	7.39	5.49	中水设备，储备仓库，区域供冷、供暖设施

2.3 城市再开发项目，城市再开发地区计划

城市再开发项目，自 1969 年开创，是完成先导性任务的制度，涉及开发项目的主体开发商、土地和建筑物的权利转让、国家补助奖励措施等内容。

2.3.1 城市再开发地区计划

1. 制度的特征

再开发地区计划是市町村根据《都市计划法》指定的"地区计划等级"之一。再开发地区的指定目的，是为了在人口低密度地区转换大规模土地利用权。

2. 再开发地区计划的宗旨及法规依据

再开发地区计划，是根据《建筑基准法》、《都市计划法》、《都市再开发法》的修正而创立的制度（《都市计划法》第 12 条第 4 款），全国有近 100 个实例（1997 年 3 月末至今）。

3. 再开发地区概要

对于工厂旧址等大规模的未利用地，谋求土地的利用转换，一边开发以道路为首的基本设施的配置，一边谋求土地利用规章制度的变更，对民间企业家的开发意图给予适当的诱导。在开发地区计划中规定的事项有：①与配备、开发相关的方针；②公共设施的配备规模；③再开发地区的配备计划（地区设施的配备、规模，建筑物用途的限制等）。

4. 适用再开发地区的效果

凭借确定再开发地区配备计划，缓和其区域内的建筑物用途的规章制度、容积率限制、高度限制（道路斜线、邻地斜线、北侧斜线）。

5. 放宽限度的内容

1）建筑容积率的放宽

在再开发地区计划区域内，凡是符合该再开发地区建设计划内容的建筑物，可以不受一般容积率的限制。

2）道路斜线的放宽

在再开发地区计划区域内，凡是符合该再开发地区建设计划内容的建筑物，可以不受《建筑基准法》中道路斜线的限制。

3）用途限制的放宽

在再开发地区计划区域内，凡是符合该再开发地区建设计划内容的建筑物，可以放宽按功能分区规定的地域用途限制。

6. 再开发的对象地区

①土地利用正在明显地发生着变化；②要达到土地高度利用，公共设施尚不够充足；③高度利用地区土地，可以为转变城市功能作出贡献；④符合功能分区规定的地区。

7. 在城市规划中对再开发地区计划规定的内容

①关于区域建设及开发的方针；②主要的公共设施布置及规模；③再开发地区建设计划（图 2-10）。

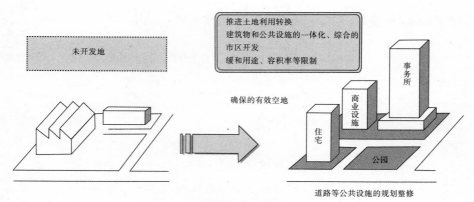

图 2-10　再开发地区建设计划

2.3.2　运用再开发地区计划项目实例

见表 2-4、表 2-5。

大阪市花园城再开发地区计划的城市规划实例　　　　表 2-4

名称	再开发地区计划的方针
位置	大阪府北区梅田 2 丁目、3 丁目区域内
面积	约 10.6hm²

福冈市共同住宅再开发实例　　　　表 2-5

项目名称	设计主题
药院大道西地区第一种市街地再开发事业	下一代的都市中心
下川端地区第一种市街地再开发事业	成年人的街
下川端东地区第一种市街地再开发事业（博多 Riverain）	有剧场的个性丰富的街
天神地区第一种市街地再开发事业	都市中安静的空间
住吉地区第一种市街地再开发事业（博多运河城）	都市的剧场
高宫地区第一种市街地再开发事业	重视生活环境舒适的街
千代地区第一种市街地再开发事业（Papillon 24）	东部地区与都市中心连接的入口的街
西新地区第一种市街地再开发事业	西部副都心
渡边大道地区第一种市街地再开发事业	浪漫的台地

2.4　高度利用地区

2.4.1　制度特点

高度利用地区作为《都市计划法》规定的区域或地区之一，要规定出容积率的最高及最低限度、建筑密度的最高限度、建筑占地面积的最低限度、墙面位置线的位置等。目的是控制开发规模，而且要保证线的位置等，要保证足够的空地，同时争取土地的高度利用。

2.4.2　高度利用地区的宗旨及法规的依据

法规类的依据，有《都市计划法》第 8 条、《都市再开发法》第 3 条、《建筑基准法》第 59 条。确定的地区在日本全国共有 233 个城市，约占 1400hm² 的土地面积（自 1997 年 3 月至现在）。

2.4.3　高度利用地区的概要

高度利用地区是指在建筑用地内，建设具有一定规模的建筑物，特别是确保一定规模的有效空地等，是在城市街区中形成合理、健全、高度地利用土地和谋求城市功能的更新而被确定的地区。

2.4.4　高度利用地区适用的效果

成为在进行法定的再开发事业中的一个重要条件，适用于调整迄今为止几乎所有的城市街区再开发事业，前些年高度利用地区的指定标准得以修改，被认为今后作为高度利用地区被单独指定的实例会有所增加。

2.4.5　建筑容积率和最高限度

与按功能分区规定的地方的建筑密度相比，通过降低建筑密度，可以按照降低的程度，把建筑容积率提高 0.5 ~ 1。在设有宽 4m 以上（与人行道连为一体时为 2m 以上）、可供行人通行的空地时，还可以再增加 0.5。

在大城市的市中心或者副市中心的地方，容积率要控制在 10 以上，其他地方为 6 以下。

1. 建筑容积率的最低限度

原则上是标准建筑容积率的 1/3 以上。

2. 建筑面积比的最高限度

规定不得超过《建筑基准法》第 53 条规定的建筑面积比。

3. 建筑占地面积的最低限度

原则上在 200m² 以上。

4. 墙面位置线的位置

该位置可以不用作出规定，但在需要通过使墙面后退保证在建筑用地范围内有与道路相接的空地时，可以规定出墙面位置线的位置限制。在规定建筑容积率的最高限度超过标准建筑容积率时，必须同时规定出墙面位置线的位置（图 2-11）。

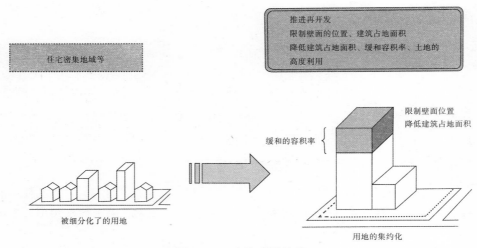

图 2-11　高度利用地区

2.5　特定街区制度

特定街区制度创立于 1961 年。高层建筑在特定的地区便可以不受高度限制。容积率的导入，防止了大城市的过度建设，以便留出更多的活动场地和绿地。容积率的导入具有划时代的意义，它使得建筑法规从建筑形态的限制，发展到了对空间环境一体性的限制。

有效空地的市区规划，有助于改善街区建筑物的计划，根据有效空地的规模等，补贴容积率。如果将邻接的复数街区进行一体性计划，街区间的容积率可能得到调节缓和。

容积率补贴的主要条件是，按照为市区环境和地域改善的贡献程度，在补贴的有效空地内确保文化设施，确保住宅容积率。

2.5.1　特定街区的主要意图及法规的依据

指定建设具有良好环境与健全形态的建筑物，加上确保有效的空地，形成适应城市功能的恰当的街区，进而以谋求改善城市街区的配置为目的（特定街区制度的设计标准）。

1. 特定街区的概要

《建筑基准法》中规定，一般的形态限制是以创造小规模建筑物并列的街面为前提的，因此对于以街区为单位的大规模建筑规划，也有功能上不一定合理的地方，为了弥补这些不足，特定街区可以从另一种途径决定以街区为单位的城市规划。特定街区中规定的事项有：①地域地区的种类；②位置；③区域；④面积；⑤名称；⑥建筑物的总建筑面积与建筑用地面积的比率（容积率）；⑦建筑物高度的最高限制；⑧墙面位置的限制。

因此，在设置有效空地以及有利于城市环境的理想设施，保存历史性建筑物等的情况下，可以特别制订容积率，使之得到实质性的缓和。

2. 适用特定街区的效果

基于《建筑基准法》的斜线限制等的形态限制得到缓解，建设良好形态的高层建筑成为可能。伴随有效空地等规划的城市设施，取得容积增额，还可以利用公共的融资制度。对行政管理方来说，就是谋求城市街区的配置。配置的内容，即公共的空地（广场、公园、绿地）、交通设施（道路、公共停车场、站前广场）、供给设施（地区的冷暖气、水的循环利用、地区变电所等）、防灾设施（储备仓库、防火蓄水槽等）等。

特定街区作为适用可能的建筑用地的条件，具有在城市规划中规定的建筑用地规模（最低 0.2~0.5hm²，依用途地区而异）和道路连接条件（最低 8~22m，因指定容积率而异）等。

3. 特定街区特别许可的标准概况

（1）街区的主要条件。在被按功能分区规定的地区，四周有一定宽度以上的道路环绕，是规整的 0.2 ~ 0.5hm² 以上的街区。

（2）建筑计划的主要条件。确保有符合用地选择条件的有效的空地。出自关照相邻地块的关系，利用抛物线的方法使斜线限制为 1 : 5，超过 12m 部分后退。

（3）建筑容积率的放宽。根据有效空地的数量，规定的建筑容积率和建筑密度，决定建筑容积率的放宽程度。

此外，在下列情况下，还可以再增加上限值。可以增加到标准最大建筑容积率的 1.5 倍。另外，把多数街区当做一个整体街区建设时，可以采用建筑容积率特别许可的方法，在街区之间转让建筑容积（图 2-12）。

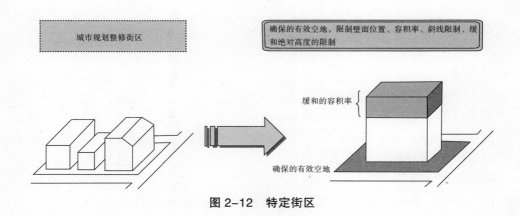

图 2-12　特定街区

2.5.2　特定街区的建筑容积率实例

东京都千代田区内幸町、日比谷国际大厦、富国保险大楼、新闻中心建筑街区等特定街区的容积率实例见表 2-6。

特定街区的容积率实例　　　　　　　　　　　　　表 2-6

街区面积	2.1hm²
标准建筑容积率	8.0
决定建筑容积率	10.35

2.6 开放空地等基准

2.6.1 开放空地

1. 开放空地的定义

开放空地是不特定的多数人在日常生活中可以自由地通行或者利用的广场、公园、步行者道路等，绿地、中庭、停车场绿化、其他用地绿化内的道路及室内开放型的综合性空间等，以开放性为标准的有效空地。

2. 开放空地的范围

（1）为了推进或改善空地或空地部分的环境质量，有植栽、草坪、池塘及公共厕所等小规模设施的土地。

（2）与建筑物形成一体化设计，企事业单位免费转让或免费使用的设施，已经建设好的公园、广场等，以及在城市规划里规定的，由地方公共团体管理的设施。

另外，步行者道路上的开放空地的延长线，应达到其道路宽度的3倍以上。

3. 开放空地的标准

如表2-7所示，根据开放空地的功能及形状分为"广场型开放空地"和"步行者道路型开放空地"。"广场型开放空地"又根据它的面积分为"大规模广场型开放空地"及"小规模广场型开放空地"。

4. 空地

建筑面积以外的用地部分。

5. 空地率

空地面积对用地面积的比率。

6. 有效开放空地面积

"开放空地"及"以开放空地为标准的有效空地"面积乘以评价系数（通过种类、位置、形态认定的数值）的面积。

7. 栽种基础设施

为有效地在屋顶种植树木、花草生长所必须的土壤基础等设施。

8. 屋顶绿化

1）屋顶绿化面积

植栽基础设施占该建筑物面积的20%以上，并设在该建筑物的屋顶、屋檐、墙壁等的部分，以表2-7为标准进行绿化。

2）屋顶绿化等的代替措施

由于建筑物的构造或者屋顶造型等因素，无法在屋顶、屋檐、墙壁等部分设置建筑面积20%以上的植栽基底设施时，要确保在用地内，将不足的部分乘以2得到的绿地面积。

9. 相连用地一体化设计的开放空地

对于一体化设计的相连的开放空地，可以把它们看做一个整体的开放空地。适用于表2-7中的规定。

"相连"，也有在空地之间夹杂道路的情况，但是道路的宽度要在8m以下。

开放空地等基准　　　　　　　　　　　　　　　　　　表 2-7

分类	要　点		
广场状开放空地	符合下列条件的空地		
	1	利用形式	在日常生活中步行者可自由通行或者能利用的空地
	2	宽度	4 m 以上；但是，与步行道状开放空地相连，并且已规划的空地不受此限制
	3	面积	100m² 以上。规划用地的 20% 以上为空地
	4	与道路相连的空地	周长 1/8 以上与道路相连的地方，但是，在流线上设置合理的穿插道路，无碍于步行者的自由出入时，不受此限制
	5	与道路的高低差	6 m 以内，但是，与车站广场、人行道、路桥等设施相连，且为步行者提供便捷的情况时，不受此限制
	6	绿化	空地面积的 30% 以上已绿化的空地
大规模广场状开放空地	广场状开放空地中，面积为 300m² 以上的空地		
小规模广场状开放空地	广场状开放空地中，面积不到 300m² 的空地		
步行道状开放空地	符合下列条件的空地		
	1	功能	沿着道路规划用地的全长（包括被最低要求限定的必要的车行道路分段的情况）而设置，且能与道路共同有效地利用 但是，因道路及地形地物的状况而设置且不必要的情况下不受此限制 贯通规划用地，与道路、公园等相互有效连接的空地
	2	利用形式	在日常生活中步行者可自由通行或者能利用的空地
	3	宽度	2 m 以上、6 m 以下
	4	与道路的高低差	6 m 以内；但是，与车站广场、人行道、路桥等设施相连，且为步行者提供便捷的情况时，不受此限制

2.6.2　开放空地举例

1. 广场状开放空地为 100m² 以上的空地

但是，如图 2-13 所示，与步行者道路开放空地相连且规划的空地、与相连的广场状开放空地合计，成为有效的开放状空地面积。

2. 达到开放空地基准的有效空地见表 2-8

3. 开放空地的有效面积计算

1）计算方法

有效开放空地面积，依据表 2-9 中的评价系数计算。

2）评价系数表（表2-9、表2-10）

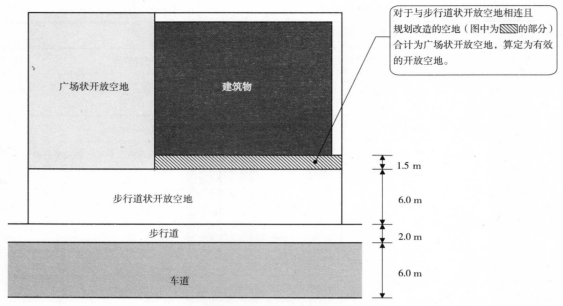

对于与步行道状开放空地相连且规划改造的空地（图中为▨的部分）合计为广场状开放空地，算定为有效的开放空地。

广场状开放空地

建筑物

1.5 m

步行道状开放空地

6.0 m

步行道

2.0 m

车道

6.0 m

图2-13　开放空地示意图

有效空地的面积计算　　　　　　　　　　　　　　表2-8

	分 类	要 点
1	开放的室内多功能空间、中庭、运动场	（1）周围大部分被建筑物包围，没有和道路相连的大厅、中庭、运动场等； （2）面积在300m² 以上
2	屋顶开放空地	面向道路、与道路的高度差在12m 以下且不大于道路的宽度
3	绿地、绿植	充分考虑市区街道的绿化
4	树林地带	充分考虑市区街道环境的绿化带
5	停车场绿化	充分考虑市区街道的绿化
6	规划用地内的道路绿化	充分考虑市区街道的绿化

开放空地种类的评价系数　　　　　　　　　　　　表2-9

	开放空地的种类	评价系数 I	标 准
①	大规模广场状开放空地	1.1	面积 300m² 以上 500m² 以内，与宽度 6 m 以上的道路相连的情况 * 但符合步行道状开放空地的部分参照③
		1.2	适用于面积 500m² 以上，与宽度 6 m 以上的道路相连 * 但符合步行道状开放空地的部分参照③
②	小规模广场状开放空地	1.0	300m² 以内
③	步行道状型开放空地	1.5	与道路平行、合计宽度不足 5 m 的部分
		2.0	与道路平行、合计宽度不足 5 m 以上 6 m 以内的部分
		2.5	与道路平行、合计宽度 6 m 以上的部分
		1.5	贯穿规划用地与道路、公园等可以相互有效地连接的情况

续表

开放空地的种类		评价系数 I	标　准
④	开放的室内多功能空间、中庭、运动场	0.5	a）充分考虑从道路上遥望的通透性 b）面积在 300m² 以上
⑤	屋顶开放空地	0.3	a）朝向道路设置的屋顶空地 b）与道路的高差在 12 m 以内
		0.6	a）朝向道路设置的屋顶空地 b）与道路的高差在 6 m 以内
⑥	绿地	1.0	有利于市区街道环境的绿地
⑦	树林地	0.6	有利于市区街道环境的树林地（自然林等）
⑧	停车场绿化	1.0	充分考虑有利于市区街道环境的停车场
⑨	规划用地内的通道绿化	1.0	充分考虑有利于市区街道环境的绿化用地内的通道

根据开放空地的位置、形态进行评价的系数　　　　表 2-10

开放空地的位置、形态		评价系数 II		标　准
①	从道路上无法看到的情况	0.5	i	从道路上遥望，对周边建筑物和周边用地产生阴影的部分
		1.0	ii	适用于在流线上，设置合理的步行道状开放空地（贯穿道路）
②	与道路有高低差的情况	0.6	iii	与道路的高低差在 1.5 ～ 6 m 之间（屋顶的情况在 12 m 以下）或 -6 ～ -3m 之间
		1.0	iv	与道路的高低差在 -3 ～ +1.5m 之间
		1.0	v	在 iii 所示，与道路相连、有高低起伏变化的情况，或与车站广场及步行道、桥等相连的情况
③	架空层、室内多功能空间	0.6		梁下 2.5 m 以上 5 m 以下
		0.8		梁下 5 m 以上 10 m 以下
		1.0		梁下 10 m 以上
		1.0		中庭等上方没有屋顶覆盖的空间
④	有利于市区街道环境改善的情况	1.2		开放空地的位置、意匠、形态等可增加该开放空地的作用，特别有助于改善市区街道环境

4. 开放空地的利用形态

（1）步行者日常自由通行或能利用的空地（在特殊情况时作为汽车出入的通道、停车场以及店铺的出入口、通道等），原则上每日对外开放。

（2）在开放空地内，不设置把营业作为目的的构筑物等。

5. 开放空地的道路宽度

（1）最窄道路宽度 4m 以上，尽可能地集约化。

道路沿着建筑用地的全长，可以作为道路一体利用的开放空地，称作为步行道状开放空地。最窄道路宽度 2.5m 以上。

穿通两面道路的开放空间，原则上宽度必须是建筑高度的 1/3 以上或 15m 以上。

（2）袋路状的开放空地，原则上为从前面道路的境界线到道路宽度同样的长度。

6. 与邻接基地之间进行一体性计划的开放空地

在邻接基地中，开放空地等一体性地计划，把整体看做为一个开放空地，适用上述中的规定。再者，"邻接"包含道路。但是道路的宽度在 8m 以下。

2.6.3 开放空地等的维持管理（表 2-11、表 2-12）

开放空地等的维持管理　　　　　　　　　　　　　　表 2-11

1	建筑业主等，必须适当地进行开放空地等的维持及管理
2	建筑业主等，按照规则，在维持管理计划书中认定基准必要条件，在该建筑工程开始前提交给市长
3	建筑业主等，在建筑物使用开始时，指定开放空地等的管理负责人，按照规则提交市长认定基准必要条件的维持管理负责人设置报告。同时，如果管理负责人变更时，也提交认定基准必要条件的维持管理负责人变更报告
4	管理负责人，保管与开放空地等相关的图书等
5	管理负责人，建筑物完成后每隔 3 年向市长提交认定基准必要条件的维持管理报告书

开放空地的标识　　　　　　　　　　　　　　　　表 2-12

1	开放空地在容易被人看到的地方，要求建筑业主按照样式进行标识
2	标识牌的材质，使用不锈钢等耐久性的东西，坚固耐久。如果出现破损或标记不清楚的情况，立即进行修复

2.6.4 绿化等基准（表 2-13）

绿化面积计算基准　　　　　　　　　　　　　　　表 2-13

区　　分	栽植时的规格	面积计算
高　木	树高 3m 以上	$10m^2$
中　木	树高 1.5m 以上	$5m^2$
绿　篱	树高 0.8m 以上（1m 左右）	$3m^2$
低　木	—	覆盖表面的面积
草坪、常绿低矮类植物等	—	覆盖表面的面积
栽植版块	—	覆盖表面的面积

1. 墙壁绿化

设置在墙壁，被辅助材料覆盖的面积为绿化面积。或，不使用辅助材料的情况下，从栽植设施的基板高度 1m 计算面积，栽植藤本植物时的长度超过 1m 的，按照其长度计算。

2. 停车场的绿化

停车场的绿化用地以表 2-13 为基准，包括栽植板块、植被、草皮等的绿化面积。

表 2-14

其他绿化面积计算基准

1. 壁面绿化，把在墙面设置的绿化作为绿化面积。如果不使用补助材，从栽植地盘高度 1m 计算绿化面积，如栽植时藤本植物等的长度大于 1m，以其长度为标准
2. 绿化停车场，按照停车场基准，用植被、植物砖、矮草等绿化
3. 基地内的通道绿化，道路使用植物砖等绿化

3. 用地内的通道绿化

使用绿化板块的道路面积。

2.6.5　绿化面积等

（1）绿地、树丛、屋上绿化。

（2）其他绿化（表 2-14）。

2.7　容积奖励制度与开放空地在各国的实践

2.7.1　美国

为解决公共空间不足、公共服务设施提供不足，以诱导方式提供奖励诱因以鼓励民间设置必要性的公共设施，对都市发展有积极的意义。

容积奖励美国开始于 1961 年纽约市所实施的奖励性分区管制，即在都市土地使用发展上运用鼓励方式促使开发商配合公共政策以提高公共舒适性设施，包括在建筑用地内留设开发空地等。这是在近代都市计划发展中为人们提供都市公共开放空间的新技术。

2.7.2　日本

日本的特定街区制度、综合设计制度，其目的在于增加建筑容积的奖励，以确保都市的开放空间，进而促进都市机能。规定在建筑用地内保留一定规模以上的空地，只要开发商能够提供开放空间，就能获得高度、容积率等限制的放宽，甚至可以获得融资的推荐。

纵观美国和日本的城市开放空间的奖励办法，美国立法的最初目的是在高密度地区，促进保留开放空间，使民众有更佳的环境品质。而此办法在日本还被引申为都市防灾功能。此外，在办法的适用地区上，在美国多在高密度的商业区、办公区。但在日本则不限于商业区、办公区，在某些住宅区和工业区也同样适用开放空间的奖励办法。另外，就奖励制度而言，在日本除了容积奖励和高度限制放宽之外，还提供融资推荐措施。而美国公共部门则为开发商提供财务分析报表，通过融资或减免税的变通措施，推动开发的可行性。

2.7.3　我国的容积率奖励制度

（1）在城市规划设计和管理中，"容积率"作为一个开发强度指标，经常在工作中应用，特别是我国改革开放并开始走向社会主义市场经济以后，新兴的房地产业迅猛发展，土地使用制度从过去的无偿使用、全部划拨，逐步过渡到有偿使用、出让转让，并培育、发展了房地产市场，走向房地产业健康发展的道路。配合这样的发展形势，城市规划工作应深入地研究如何更合理地利用城市土地。房地产开发作为商业行为，也必然需要核算开发经营的投入、产出，具体计算每一个项目经济方面的可行性。因此，采用国内外的习惯做法，以"建筑容积率"作为计算土地开发使用强度的指标，是比较科学合理的。目前，全国各地均有与容积率相关的政策。

（2）本节就台北市实施容积奖励制度以来的基本情况进行介绍。台北市自1984年颁发《台北市土地使用分区管制规则》，主要目的是鼓励设置公共开放空间而给予容积奖励，实施容积率奖励制度，后来被扩大为室内公用停车空间容积奖励、都市更新容积奖励以及联合开发容积奖励办法。台北开放空间鼓励办法立法的目的有三点：①鼓励基地合并以整体开发；②提供都市公共开放空间，赋予建筑物设计较大的弹性及变化；③除以上目的之外，亦可提升都市防灾功能，促进人们交往和旧市区更新等。据台北市资料统计，自1984～1999年，适用开放空间综合设计而获得容积率奖励的项目共392个。

自1984年开始，开放空间面积与奖励建筑面积的比例为1:2，1987年约为1:1.5，自1997年之后为1:1。另外，开放空间容积奖励的建筑用地面积在3000m²以上的为68.2%，2000 m²左右的只占15.96%。

容积奖励制度对都市发展的积极影响是：增加开放空间、停车空间等公共设施面积，增加建筑面积，赋予建筑设计以弹性，美化都市景观等。

负面影响：容积率的放宽造成居住密度的提高而引入更多的人口，造成开放空地、停车空间等公共设施服务水平的降低。

2.8　小结

开放空地在我国还是一个比较新的概念，它与以上介绍的各种制度相关。在《大阪市景观形成基本计划》景观规划的指针中，将建筑用地内的设计论述为：建筑物用地内的景观设计。

在多年的调查中发现了一些基本规律，但是还有许多有待进一步研究的课题。比如：有的大楼并不高，留有的空地面积却较大，有的大楼很高，留有的空地面积却很小，造成了容积率奖励与建筑面积、建筑容积率等令人困惑的问题。

本章参考文献：

[1] http://www.city.yokosuka.kanagawa.jp/tokei/siryouhen/koudo/3-4koukaikuutikizyun.htm.

[2] 横须贺市都市部. 关于倾斜地建筑物构造的限制及许可基准［Z］，2004.

第 3 章　东京都的开放空地

根据东京都都市整备局的统计，自 1976 年开始实施综合设计制度以来，到 2008 年共有 674 个经过综合设计制度许可建设的项目。

从 1950 年到 2009 年 3 月的统计显示，超过 45m 的高层建筑为 2329 栋。

3.1　大手町的开放空地和景观设计方针

3.1.1　大、丸、有地区概况

大、丸、有地区再开发的区域面积为 113hm²，就业人口 47 万人，计划以 40～50 层的超高层建筑为主体，再开发的容积率从现在的 4.72～12，提高了近 3 倍以上。

在未来 30 年间该地区的再开发中，设置了容积率为 10，最大容积率为 13 的调节和缓和限定，建筑最高限定为 200m。丸之内中心部 40～50 层的超高层建筑约60 栋。

该地区作为日本经济支柱的国际贸易中心，聚集着国内外众多的实力派企业。该地区正朝着中枢管理功能、文化功能、国际金融、信息情报发布等世界都市机能的质量的转换与量的扩充方向发展。2000 年提出了大、丸、有地区的计划政策方针，确定了地区的未来形象，都市类型从中央商务区转向环境舒适业务地区。编制都市的功能配置和街区的构成、步行者道路网络，协调超高层建筑轮廓线，形成建筑风格，保证建筑立面的连续性，指定壁面位置，还有研究作为景观形成方针的设计操作，成为了官民协调都市规划设计的范本（图 3-1、图 3-2）。

该地区的两个特征：①高层建筑的底部向街道延伸；②在高层建筑的低层部分形成31m 高的过渡部分，形成街道的中间领域，使人的视线往上看时，有一种缓冲的调节，消除了视觉上的紧张与压迫感。

本方针，以在大手町地区提高统一的景观控制，最终实现大手町国际中心地区的价值为目的，"形成绿色和水的开放空间联系的超级商务空间"等主要的目标。

3.1.2　大手町城市形成，景观设计方针的构成

见图 3-3、表 3-1。

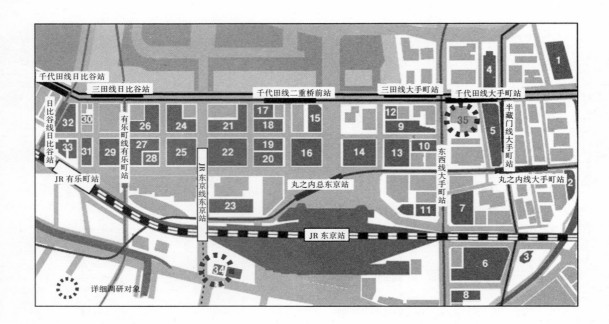

1 大手町一丁目地区第一种市街地再开发事业
　（2009 年 3 月末竣工）
2 三菱综合研究所大厦
3 JFE 商事大厦
4 三菱东京 UFJ 大厦
5 大手町大厦
6 日本大厦
7 新大手町大厦
8 新日铁大厦
9 瑞穗实业银行总行
10 东银大厦
11 丸之内 OAZO（详细调研对象）
12 东京银行协会大厦
13 日本工业俱乐部会馆、三菱 UFJ 信托银行本店大厦
14 新丸之内大厦
15 邮船大厦
16 丸之内大厦
17 岸本大厦

18 丸之内仲通大厦
19 文部科学省大厦
20 三菱大厦
21 明治安田生命大厦
22 丸之内花园大厦（2009 年 4 月末竣工）
23 东京大厦
24 富士大厦
25 新东京大厦
26 国际大厦
27 新国际大厦
28 新日石大厦
29 新有乐町大厦
30 糖业会馆、日本放送本社大厦
31 有乐町大厦
32 东京半岛酒店
33 有乐町电器大厦
34 丸之内太平洋世纪广场（详细调研对象）
35 大手町第一广场（详细调研对象）

图 3-1　东京大、丸、有地区建筑对象区域

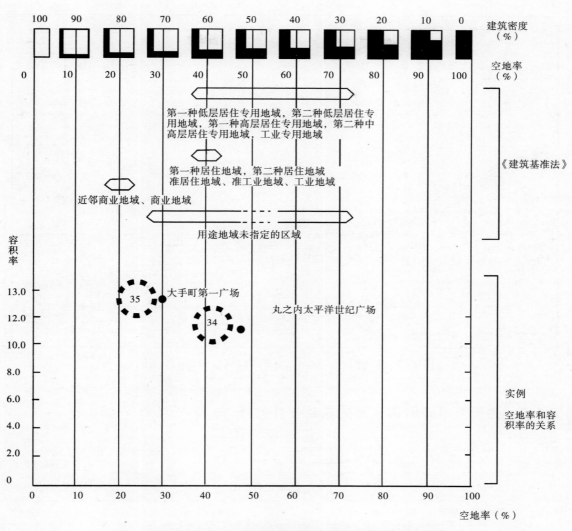

图 3-2 编号 34、35 超高层建筑的空地和容积率的关系图

大手町的将来形象		表 3-1
连锁型城市再生大手町的重组	大手町重组的必要性	
	连锁型城市再生型的创造	
大手町将来的形象	全球的商务战略中心	
	地域潜在力的发现再评价	

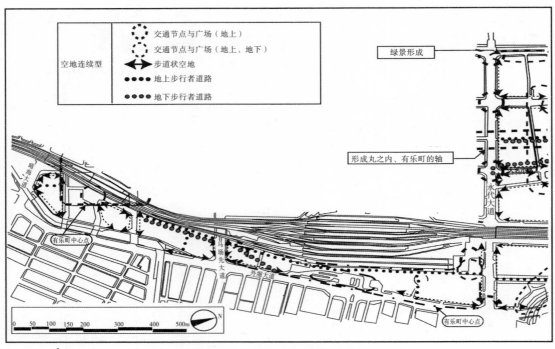

图3-3 大手町、八重州、有乐町地区东侧总体平面图

3.1.3 关于大手町城市开发的景观设计方针

见表3-2。

景观设计方针 表3-2

1	形成开放空间网络化
2	无障碍设计
3	地下步行者空间网络的形成
4	确保热闹繁华
5	日本桥的再生
6	有特点的"街道"的再生
7	联合周边地区，确保周游性
8	与生物共生，降低环境负荷的城市设计
9	天际线
10	形成绿色和水的开放空间联结的超市商务空间
11	"无障碍"
12	设计方针的基本想法：①连锁型城市再生的自动制御装置设计；② 私有空间和公共空间的融合，魅力空间创作

关于大手町城市开发景观设计方针：

（1）形成超级综合建筑体和关联性的设计。重组大手町地区，根据长期发展分期重建，有秩序地长期开发，需要基于一定的规则，形成一贯性的空间。

在大手町城市开发时，由以 2～4hm² 规模、复数的街区作为一个计划单位，含复数的超高层的超级综合体建筑，一体性地修建。景观构成、办公大楼配置、步行道路、绿色网络等，形成多种多样有个性的城市空间特色。

在个别的用地整修时，也充分认识超级综合体建筑的形成，进行公共开放空间的配置，确保步行者网络连续性的外部空间。

（2）街道的更新采取"关联性的设计"，在超级综合体建筑中，从被更新的先行区域到下一个被更新的区域，以首尾一贯的设计概念，使街道空间连接、调和。通过道路和日本桥河川等的空间整修，形成该地区整体协调的空间。

（3）增强现有的潜在力，大手町地区有较长的历史，留下了许多历史遗产，通过被开发的开放空地等，在提高它的潜在力的同时，改善狭窄的步行者空间，改造绿化贫乏的树林地等不利因素，不断提高景观的效果。

3.1.4　私有空间与公共空间的融合，有魅力的空间创造

1. 私有空间和公共空间的融合

超级地块之间主要的道路和日本桥河川等的公共空间，地基内的公共开放空间和道路空间等的融合，对利用者来说形成"无边界"一体化的空间。

2. 确保热闹繁华空间的连续性

在大手町地区，地下步行街和地下商业空间等，创造了热闹繁华的空间。

3. 确保绿色的连续性

地上部分，主要是道路和日本桥河川的再生，公共开放空间和绿化，绿的连续性在地基内被确保，改变了大手町地区绿色缺乏的现状。

4. 实现公私共有理想

推进公私联合的连锁型计划，国家和东京都、千代田区等的公共部门，本地土地私有者等的民间部门共同担负起了责任（图 3-4）。

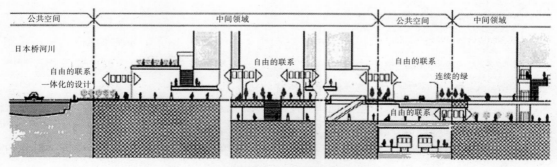

图 3-4　私有的和公共空间的一体化意象

5. 分期开发建设的想法

在大手町地区，以长期的连锁型街区的更新为目的，大约分成三个阶段。

第一阶段，完成土地区划，完成日本桥沿河步行者专用道路的修建；第二阶段，是地区特色和日本桥河川再生，连锁型重建更新；第三阶段，制定本地区的设计方针的骨骼框架。

6. 建设的意义

从根本上解决清溪河川的复原、道路的安全等问题，恢复600年古都的历史性和文化性，复原流动的河川，成为有利于环境的城市空间。在确保历史认同感的同时，成为国际金融中心，提高国家竞争力，使之形成"21世纪的文化环境城市"。

7. 三个设计理念

（1）形成绿和水的公共开放空间连接的超市商务空间，吸收多种多样高密度的活跃性，给予人们休息和滋润的水和绿色的公共开放空间，以公共空间网络作为大手町空间形成的基础。规划公共开放空间网络的同时，创造出有个性和风格的超高层国际中心的景观。

（2）具体的手法。长期地从事日本桥河川及周边空间地区的再生，去创造作为公共开放空间的核，与街道空间的绿色、既存的公园绿地，确保地基内的公共开放空间的连续性，构成公共开放空间网络。

再按照《大手町、丸之内、有乐町地区城市开发方针》和《城市设计的骨骼区域》的想法，作为景观形成重要的一体化空间。考虑沿着日本桥河川视线的扩展和人的活动流线，形成水和绿色的大手町的象征性景观。

（3）以超级商务空间中心的水和绿色公共开放空间的形成为基础，皇居作为象征性的建筑空间，发展形成濠的绿地空间和连续的绿色森林。

形成吸收人们多种多样的活动、确保热闹繁华的空间；发展日本桥河川，形成亲水性空间；生物之间形成与自然环境的共存；形成绿地空间、风道等，缓和热岛现象等环境的负荷；形成适应国际商务中心的有个性的景观；形成从日比谷通道、内堀通道区域继续的全景性景观空间；形成有风格的建筑物和格调高的外部空间。

3.1.5 "超级地块" 创造一体化的城市空间

在这个国际性的商务中心，历史性地形成了大手町大街区单位的土地利用方式，以 $2 \sim 4 hm^2$ 的超级地块街区为计划单位，确保作为超级地块形成一体性设计、计划、整修、扩充复合性的城市功能。

1. 大街区的空间形成

地区主要街路和日本桥河川等城市骨骼围绕 $2 \sim 4 hm^2$ 的空间作为基本单位。灵活运用超级地块作为计划单位，根据干线道路，形成不被分割的步行者空间，确保建筑物设计一体化、城市设备基础设施一体的整修等、高度的城市功能的共存。

（1）人与地球环境融洽的空间创造。

公共开放空间网络，超级地块的空间形成，有助于生物生息空间的形成和热岛现象的缓和、绿化空间的形成等，创造与地球环境和善的空间。推进人性化的比例尺度、舒适宜人的空间形成，与人和善、对地球环境友好的空间创造。

（2）步行者空间网络的形成。

通过地上步行者空间的创造，形成对来访者来说容易辨认的街。

（3）对环境的考虑。

为了缓和热岛现象，谋求绿化空间，形成风道。

（4）形成使人感到安全放心、容易辨别方向的空间，形成残疾人利用的无障碍环境设计等。

2. 几个特点

（1）日本桥河川再生的视点。大手町地区的公共开发空间的网络核心，再生的日本桥河川，作为大手町再生的符号空间，并且作为多种多样高度活跃的核心空间，同时作为对周边地区的回廊空间。

（2）高度活跃的核心空间，为在大手町工作的人们谋求散步、娱乐等的活动空间的整修。

（3）周边地区的回廊空间，神田地区方向、竹桥九段下方向、日本桥方向，多地区的联络回廊的区域，确保视觉性和物理性、跟周边地区的交流。还有，与皇居和濠的绿地空间相连接，不仅仅作为生物的生息空间，还确保了回廊的机能；形成历史资产复活的空间、亲水性空间；谋求给予人们安乐和滋润的水边空间。

（4）维持、保护、有效利用桥头空间，以及常盘桥留下的石垣等历史景观资源。

（5）复活船运。神田川从江户时代就有船运的历史，为了开发旅游资源，以恢复船运作为目标。

（6）再生有特点的"通道"，大手町地区的"大街通道"为了与"日本桥河川"一起作为开放空间的骨骼，形成地区的景观特色。

谋求对"内堀通道"全景性景观的继承、发展。作为地区的象征，"日比谷通道"整修成了有风格的重要街道，确保了"大名小路"的步行者空间。延伸丸之内"仲通道"的热闹繁华空间，东西方向的"永代通道"，作为从皇居到日本桥的主要轴线，形成整齐的道路空间，使其成为大手町的象征，成为"商业步行道"。

（7）在超高层集中的大手町地区，确保安全、效率性，形成服务活动的流线机能。

（8）与大手町周边的神田、竹桥、九段下等地区相邻接，确保形成周游性。

（9）确保与生物共生，降低环境负荷。

在皇居、东御花园、濠形成一体化的空间，形成生物的生息空间，比如：在日本桥河川能看到蜻蜓等。同时，抑制热岛现象，降低城市开发环境负荷，在导入效率高的能量系统的同时，利用绿化等对地表的热环境进行改善。

（10）缓和热岛现象，建筑物的地基、屋顶、墙面等积极地推进绿化。在道路上推进保水性铺修的同时，发展绿荫道路。

（11）推进停车场等的绿化、铺修化等，进行铺装设计的配合。

（12）确保日本桥河川的地位，作为重要的公共空间结构，日本桥河川道路宽度为12m，人行道宽度为9m，在邻接的街区，配置公共空间。

在日本桥沿河的街区中，确保面向河道的公共空间，育成象征大手町地区的林荫树。为此，进行土壤通气性、透水性的改善，保持合理的植树间距等，长期确保适合的绿量。在东西方向形成大手町地区特有的林荫树等，创造独特的道路景观。

（13）在大手町地区，形成宽阔的街道、步行者空间和绿色的网络等，地区计划墙面后退3m。对有特点的"道路"再生、墙面后退产生的空间，栽植树木。譬如，变成地区的主要街道的日比谷大道，确保墙面后退3m以上，栽植2列银杏，作为象征性的马路空间。

（14）进行地基内公共空间和新地基内公共空间的整修，一边与既存的开放空地和公园绿地相连接，一边构筑与这些网络的配置。

（15）在大手町地区的大规模开发中，以2~4hm²的规模作为基本单位，包含了复数的街区和复数的超高层建筑物的超级地块设计，确保形成综合性的空间，避免使街区给人以七零八落的印象。

在超级地块内的道路空间，极少被汽车和步行者穿越，充分地考虑形成地块内的步行者空间。提高地下空间的便利性、机能性，与商业设施能互相连接。

（16）使地下步行者空间网络化。大手町地区内是5条地铁线路的集中地，期待该地的地下空间网络发挥巨大的作用。

超级建筑综合体内的地下道路尽可能以复数的公共道路进行连接，确保超级建筑综合体内停车场的一体性、出入口的集约化。

从地下道路能顺畅地到达各个地块，推进来访者和外国人容易辨认的标识系统。确保建筑综合体内地上和地下空间配置的连续性，构成地下空间和公共开放空间网的结合，形成有认同性、开放性的建筑综合体设施，与地铁和地上的公共开放空间的步行者空间网络。

3. 对天际线基本的想法

与都心相对应，创造适合的都心景观，形成有统一感的天际线。该地区的超高层建筑高度大约为100~150m。

使天际线能够有统一感，重视与建筑物的相邻关系、皇居的水和绿色的扩展关系。

3.1.6　开放空地设计实例

1. 丸之内的太平洋世纪广场

大楼规模：

占地面积（m²）:3052.00；层数（层）:地上32，塔楼1，地下4；高度（m）:149.80；总建筑面积（m²）:81752.00。

这座"玻璃水晶体"大厦，为了实现"形态的透明度"，从外装修到内装修都尽可能保证其透明感，采用了绝热性能好的双层玻璃（Low-E），从地面到顶棚形成一个大窗口，创造了良好的眺望景观。在窗面上装设了中央控制的百叶窗帘，简易的气流控制系统，确保了舒适、节能和使用灵活的办公环境。

这里的空地是根据人流路线规划出的开放空地，不是以常见的以纪念碑作为中心的广场，而是把绿地、水、照明组织成一个整体，从而提供一块人们能够滞留的场地，一个使人心情舒畅的场地。

把东京国际会议中心作为借景的开放空地。

（1）建筑的低层部分积极地向街道开放，创造舒适宜人的城市环境。

（2）用地的公共部分尽可能地开放，绿色丰富的大前庭，作为本计划的入口。

（3）前庭根据人们访问、停留、瞬息间的休息等活动动线进行设计。

（4）形成人行道的景观，实现宽广丰富的绿色空间。

（5）低层部分宽广的公共空间被利用，提高开放性。

（6）把建筑物本体和通风塔的比例统一设计，形成感觉好的人文的广场。

（7）人和绿色是设计的主角，构成环境的背景。

（8）在超高层大楼的低层部分，以 31m 高的裙房形成与该地区相协调的街道尺度（图 3-5 ～ 图 3-12）。

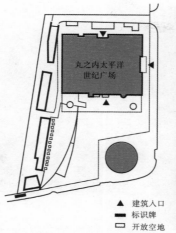

▲ 建筑入口
■ 标识牌
□ 开放空地

图 3-5　建筑与空地的配置

图 3-6　丸之内太平洋世纪
广场建筑外观

图 3-7　利用地铁地下通道的顶部进行种植
和细部设计

图 3-8　空地中的露天家具设计

图 3-9　从太平洋世纪广场上看到的
东京国际会议中心图

图 3-10　大楼前庭入口

图 3-11 空地与道路的连接

图 3-12 通往地下停车场的入口，
和地铁出入口的设计

2. 丸之内的 Park Building

大楼概况：

占地面积（m²）：约 11900.00，层数（层）：地上 34、地下 4、馆地上 3、地下 1（三菱一号）；高度（m）：169.98；总建筑面积（m²）：205000.00。

本项目处于被指定的城市再生特别地区内，办公室约 158000m²、商业约 18000m²、美术馆约 6000m²，组成了大规模的复合设施。

复原的三菱一号馆，作为区域文化交流中心的美术馆。塔楼、附属楼、三菱一号馆之间成为了休息的广场，创造了广场空间。

不仅在中庭外壁，屋顶也施以绿化，确保了约 2500m² 的绿化面积。同时，通过雨水的再利用的供水型保水性铺装的设置和对绿化柱的喷雾装置，作为缓和热岛效应的措施。

把同三菱一号馆的红砖相调和的红色的花岗石柱子作为基调，每 2 层设置白色花岗石，使建筑物完整统一。

作为丸之内再构造的第 2 舞台（2008～2018 年）的第一个大规模的事业计划项目，三菱地所发表了三菱商事大楼、古河大楼、丸之内八重洲大楼 3 栋大楼的重建项目计划，在地基内由办公室、商业店铺等组成 35 层高层栋和由商业店铺组成低层栋。低层栋是 1894 年竣工的丸之内最初的办公大楼，三菱一号馆采用当时的设计图、实测图、保存部件等，尽可能忠实地复原。

三菱一号馆广场，是作为该地区的休息场所被采用的，采用曲线化的构图，与几何化的建筑形成了对比。庭院设计在仔细分析了人的动向、视点以及空间结构后，营造出一种丰富的绿色与起伏的人工地面相结合。在高层建筑的结构柱上，成功地采用了壁面绿化技术造型，被绿化的柱子，成为广场的视觉中心之一（图 3-13～图 3-18）。

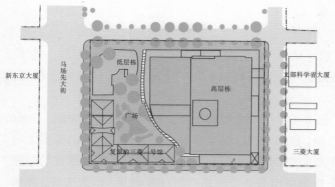

低层栋

高层栋

广场

复原的三菱一号馆

新东京大厦

马场先大街

文部科学省大厦

三菱大厦

图 3-13　丸之内的 Park Building 大
厦的总平面图

图 3-14　丸之内的 Park
Building 大厦的外观

图 3-15　丸之内的 Park Building
广场入口

图 3-16　高度为 8.8m 的圆柱
壁面绿化

图 3-17　丸之内的 Park Building 的三菱一号美术馆

图 3-18　丸之内的 Park Building
的三菱一号馆广场，广场起伏的地
面和花台，以及摆放在广场中的雕
塑，构成了公共艺术的广场空间

3. 大手町第一广场

大楼规模：

占地面积（m²）：11042.00；层数（层）：地上 23、地下 4（东栋），地上 23、地下 5（西栋）；高度（m）：105.70；总建筑面积（m²）：146716.00（设施全体），70090（东栋）、76671（西栋）。

创造出城市的节点的两个花园。创造了在第一大楼脚下都市的节点。入口中庭："光的庭园"（在建筑物内部设立了中庭的广场。在综合设计制度中被认定为开放空地的类型之一）和"风的庭园"，双塔相对，街区对角轴线的裂缝（冰河和雪谷深的裂口）的刺激性的间隙。

"光的绿洲"也可称作中庭空间，作为城市和办公室之间的过渡空间，作为接口、界面。另一方面，在室外，在"第一广场花园"，设置了饮食街，把"花园"作为关键词，包括象征性要素的树木、花木、长椅、水、鸟等。始终贯彻以人工的手法，表现城市的自然。这些装置，把近旁的水和绿色、光和风，拉到人们的身边，让高层建筑的山涧形成户外"风的绿洲"。

在大手町的第一大楼脚下，设立了两个"花园"，以构成新的都市节点。

庭园设计时，注重庭园风景与周围环境相协调。庭园位于市中心，与周围的街道共同分享花草的芬芳，在这古老的街道显得十分突出。在此采用将庭园要素设施化的处理手法，这些被设施化的造园素材，在阳光的作用下，更加深了人们对环境景观的感受。

作为吸引客流的设施之一，在 80m 长的导入空间中，22 个花器呈直线形排列。在 12m 见方的广场上，还有网格状布置的 9 个花钵，花钵的给水是通过其底部自动注入的。在地下饮食广场上的池盘，也规划了引人注目的风景（图 3–19 ~ 图 3–25）。

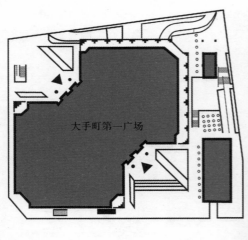

▲　建筑入口

■　标识牌

□　开放空地

图 3–19　大手町第一广场的建筑与空地的配置

图 3–20　大手町第一广场的建筑外观

图 3-21　建筑入口的两个花园之一

图 3-22　大楼侧面的空地

图 3-23　门前步行通道与道路
　　　　的连接

图 3-24　门前的区域绿化

图 3-25　下沉式广场的周边配置

4. 大手町野村大厦

大楼规模：

占地面积（m²）：4423.00；层数（层）：地上 27，地下 5，塔屋 1；高度（m）：138；建筑占地面积（m²）：2545.00，总建筑面积（m²）：59930.00（图 3-26 ~ 图 3-29）。

位于大手町车站前交叉路口的办公大楼。1933 年作为日清生命馆竣工。在 1994 年被建设为超高层建筑，只保留了大楼低层的外壁。在角上的时钟塔，作为大手町的陆上标志，保持了当时的面貌。成为千代田区都市景观的重要物件。

图 3-26　从道路对面看到的大手町野村大厦

图 3-27　广场状空地与道路交叉口的连接

图 3-28　由水面和环境雕塑构成的广场状空地　　　图 3-29　广场状空地与地铁入口的连接

5. 东京站八重洲口的开放空地

大楼规模：

占地面积（m²）：12800.00；高度（m）：186；总建筑面积（m²）：177000.00（图 3-30 ～ 图 3-35）。

在该地区，灵活运用东京车站邻接的立地条件，推进东京车站作为终点站的机能，对在开放空地内的高、中、低木进行适当的配置，确保形成舒适安全的步行者空间。

在面向永代大道的开放空地，主要以高木或中木配置，创造东京车站北口绿色丰富的广场空间。

面向 JR 高速公交汽车停车场的部分，以低木或草坪，创造与公交汽车停车场一体化的、开放的广场空间。在贯通的道路部分，以高、中木进行道路配置，创造绿色的通路状公共空间。

图 3-30　八重洲北口复合建筑
　　　　　总平面图

图 3-31　八重洲北口的开放空地（一）

图 3-32 东京站八重洲北口

图 3-33 八重洲北口的开放空地（二）

图 3-34 八重洲北口的开放空地（三）

图 3-35 与外堀大道相邻的步行道状空地

3.1.7 小结（大手町地区）

通过调查分析，可以把这一地区新型开放空地的规划设计归纳为：①"街道的形成"；②"开放空地网络化"。

1. 街道的形成

限定街区的沿街壁面及低层部分，营造建筑物的活力、多样的机能，考虑建筑物低层部分的连续性。

（1）形成建筑物壁面的连续性和统一性，街的秩序和风格；

（2）街路与建筑物有亲切感，形成一体化；

（3）街路的贩卖、饮食店、回廊、商品的展示，创造了繁华的街道；

（4）形成贯通的街道和中庭空间、屋内开放空地，考虑街道的连续性，推进步行者空间的多样化和舒适性。

2. 开放空地网络化

使开放空地有机地连接，创造为多数人集结的开放空地网络。创造开放空地网络化的手法可以分为"空地连续型"和"广场形成型"两种。

①人的汇集空间，形成丰富的广场空间；②使就业者、来访者容易识别的街的构造，提高导向性与识别性；③充实交通线路机能和提高便利性。

网络还被分为：①步行者网络；②地上步行者网络；③地下步行者网络；④车站附近的横断网络；⑤水和绿的网络；⑥停车场、电气、情报信息等网络。

以上两种规划手法的实践，建筑内外的公共和私有空间，道路和广场，中间领域的规则化，建筑物的沿街部分，建筑的机能和建筑低层部分的高度限定和连续性，与步行者空间相连接的规划手法，构成了高层建筑街道景观的设计框架。

3. 开放空地规划手法的空间特征

1）空间特征（A）

（1）街道形成型都市创造

整齐和连续排列的建筑群，是丸之内地区、有乐町地区西侧的街道的特征，成为了重要的要素，根据街道和建筑的表情，通过人们的活动感到有亲切感。继承了街道特征，提高了街道的繁华和开放性，形成了舒适的街道空间。

（2）开放空地网络型都市创造

在大手町地区和八重洲地区、有乐町西侧，配置连续性的空地等，设置大的广场空间，形成地下网络和地上空间的竖向动线，形成交通节点的中心机能。

（3）中间领域的形成

把占地内的私有地区、道路及广场等公共地区之间的步行者主要活动区域称为"中间领域"。

在中间领域的导入功能，保持建筑物低层部分高度的连续性，组成便利的地上、地下交通路线，形成步行者活动路线的网络（图3-36）。

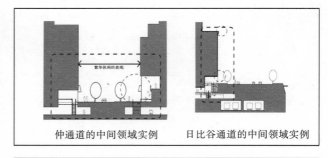

仲通道的中间领域实例　　日比谷通道的中间领域实例

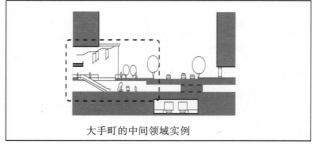

大手町的中间领域实例

2）空间特征（B）

大、丸、有地区开放空地规划设计和再开发的意图，共包括两种类型、四种具体的规划设计手法：

（1）街道形成型：①繁华街道的形成；②街道的调和型。

（2）空地网络化的形成：①空地连续型；②广场形成型。

网络化开放空地的创造，以交通节点为中心，以广场、中庭等为中间

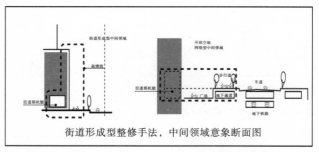

街道形成型整修手法，中间领域意象断面图

图3-36　街道形成型规划手法的"中间领域"的立面图

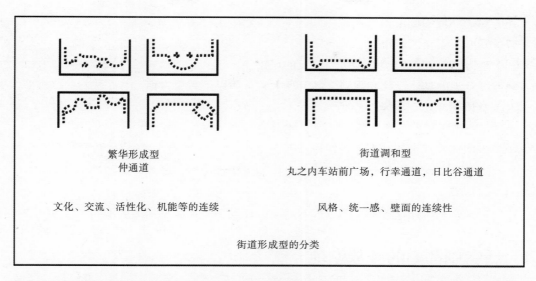

繁华形成型
仲通道

街道调和型
丸之内车站前广场，行幸通道，日比谷通道

文化、交流、活性化、机能等的连续

风格、统一感、壁面的连续性

街道形成型的分类

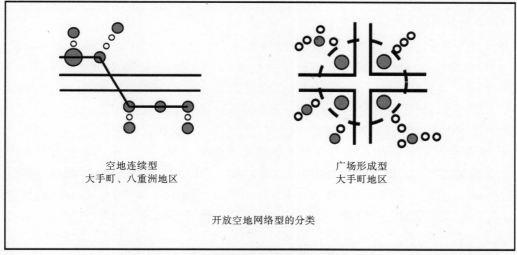

空地连续型
大手町、八重洲地区

广场形成型
大手町地区

开放空地网络型的分类

图 3-37　街道的形成型和开放空地网络化

领域，连接地上、地下动线，有机地形成了与步行者网络的连接（图 3-37）。

另外，从建筑立面后移的调查结果看，立面后移的空地面积，促进了环境美的形成，同时绿化带的宽度也得到了增加。

建筑群的规划，构成了有机的空地网络，确定了空地的诱导规则。当地街道的八个目标，也即今后的街道创造的重要要素如下：

（1）领导时代的商业城市；

（2）人们汇集、繁华的城市；

（3）与信息化社会相适应、情报交流的城市；

（4）风格和活力调和的城市；

（5）便利舒适的城市；

（6）保护环境的城市；

（7）安心、安全的城市；

（8）地方、管理部门、游客协力成长的城市。

该地区景观的具体设计和规划，其流程大致分为以下三个方面。

（1）意识到开放空地的联系性

以"步行者天堂"、"都市客厅"为基本理念。

（2）运用环境技术，扩大了景观设计形态

特殊绿化，从盆栽植物到墙面、壁面、柱面绿化等领域，形成了新的视觉效果。

（3）屋顶绿化

在屋顶开发利用绿化技术，形成观赏庭院、休憩场所等生态环境的空间。

3.2 新宿副都心的开放空地

3.2.1 新宿副都心地区概况

新宿区位于东京都中心区以西，距银座约 6km，是东京都内主要的繁华区之一。

进入 20 世纪 50 年代，随着日本经济的高速发展，作为东京都原中央商务的中心三区（千代田区、港区和中央区），已不能适应形势需要。为控制、缓解中心区过分集中的状态，同时结合周边地区的发展需要，于 1958 年决定开发新宿、涉谷和池袋三个副中心，其中新宿副中心在市中心以西 8km 处，面积为 96hm²。

于 1969 年制订的新宿新都心开发计划确定了三项原则：一是步行道与机动车道分开；二是增加停车；三是区域集中供冷和供暖，减少大气污染，并规定一个街坊只容许建造一个超高层建筑，容积率要大于 5，并且每个街坊要有 50% 的空地。超高层建筑用地 16.4hm²，已建成东京都都厅等高层办公楼 11 幢，建筑面积约 160 万 m²，规划就业人口约 30 万人。

新宿还将计划建设新的超高层建筑，其中有 8 座百米以上的建筑。目前，新宿副都心的经济、行政、商业、文化、信息等部门云集于商务区，金融保险业、不动产业、零售批发业、服务业成为新宿的主要行业，人口就业构成已接近东京都中心三区。随着新宿副都心的开发建设，尤其是东京都部分政府办公机构的迁入，副都心的魅力大增，各行业更加积极地涌入新宿，首当其冲的是金融业。以新宿站为中心、半径为 7km 的范围内，就聚集了 160 多家银行，新宿已成为日本"银行战争"的缩影。据统计，目前新宿商务区的日间活动人口已超过了 30 多万人。由于新宿是东京都的一个交通枢纽，共有 9 条地铁线路由此经过，日客流量超过了 300 万人，预计，随着新超高建筑的完成和 12 号地铁环线等交通线路的建成使用，新宿的日客流量将超过 400 万人。

3.2.2 市区再开发事业

1. 市区再开发事业的目的

市区再开发事业，以城市的土地合理且健全的高度利用，城市功能的更新作为目的。

按照《都市计划法》及《都市再开发法》施行。

原来的新宿区，低层的木造建筑物密集，道路很窄，公园配置也不充足，城市基础设施的配备迟缓，涉及地区防灾和居住环境方面课题。

市区再开发事业，在该地区，合并被细分化了的土地，重建不燃化、耐震化的高层建筑物，加强地区内的道路、公园、广场等的城市基础设施的配备，建设安全舒适的城市。

2. 新宿区的再开发事业的概要

新宿区，按照 2007 年 12 月制定的《新宿区综合计划》，计划期间 :2008 ~ 2017 年，致力于实现"新宿活力、安乐和热闹的城市"，在这个综合计划中，市区再开发事业是推进"安全放心，能感受到高质量生活的城市"的有效手法。

3. 新宿区的基本构想

2025 年的新宿规划，表现了新宿区的基本理念、目标、城市的景象（表 3-3）。

基本理念　　　　　　　　　　　　　　　　　　　　　表 3-3

基本理念
创立以区民为主角的自治城市
构筑属于每个人的社会
构筑为了下一代的梦想和希望的社会

3.2.3　新宿区综合计划

自 2008 ~ 2017 年，新宿区 10 年间的基本设想、对策、方向，包括有关城市计划基本方针等综合化的基本计划和城市基本计划综合化、一体性的新计划。

1. 基本计划

在城市创造篇中提出 6 个基本计划和 20 个目标，显示了新宿区基本对策的方向性（表 3-4）。

6 个基本计划和 20 个目标　　　　　　　　　　　　　表 3-4

城市设计		
	基本计划	目标
城市创造	1. 区民作为自治的主角，思考、能行动的城市	参与、协动、自治的城市； 推进地域活性化和地域自治的城市
	2. 谁都会得到尊重，自己能成长的城市	每个人互相尊重的城市； 担负养育孩子的责任； 支援自立的地域； 担当孩子未来的、培养每个人的生存能力的城市； 一生学习，能提高自己的城市； 使自己能健壮地生活的城市
	3. 安全放心，能感受到高质量生活的城市	谁都能互相支持、能安心生活的城市； 谁都能活泼、愉快地生活的，活跃的城市； 预防灾害的城市

续表

城市设计		
	基本计划	目标
城市创造	4. 可持续的城市和创造环境的城市	减少对环境的负荷、创造未来的环境的城市；支撑形成丰富的水和绿的城市； 支撑人们活动的城市空间的城市
	5. 活用了城市的记忆，创造美丽的新宿	继承了历史和自然的美丽的城市； 活用地域的个性、令人留恋的城市； 能在路上漫步的城市
	6. 多种多样交流的生活方式，创造"新宿的"城市	呼吸成熟的城市文化、魅力丰富的城市； 只有新宿才有的活力、产业兴盛的城市； 人、城市、文化交流创造的、互相接触的城市

2. 城市基本计划的结构、方针

见表 3-5、表 3-6。

城市的结构　　　　　　　　　　　　　　　　　　　表 3-5
创造"生活的、交流的"城市的形象。为了实现城市基本的结构以及实现将来的形象，主要从"心"、"轴"、"环"三个方面，制定将来的城市构造，并且，制定了七个城市建设方针等
1. "心"，热闹和交流的先导地区
2. "轴"，支撑高质量的城市活动的干线道路和沿线道路
3. "环"，滋润的水边和与绿相连的城市基础等

城市创造的方针　　　　　　　　　　　　　　　　表 3-6
1. 对土地利用的方针
2. 城市交通规划的方针
3. 防灾城市建设的方针
4. 绿、公园规划的方针
5. 景观城市建设的方针
6. 住宅、住环境规划的方针
7. 人和善的城市建设的方针

3.2.4　新宿副都心的开放空地实例

1. 东京都都厅

大楼规模：

地基面积（m²）：14349.80；层数（层）：地上 54，地下 4，屋顶塔屋 3；高度（m）：243.3；建筑占地面积（m²）：11041.97，总建筑面积（m²）：195567.00；建筑密度（%）：76.94。

东京都都厅由新宿市中心地区的三块建筑用地组成，西侧面对新宿中央公园的绿地，其他三面面对以往的高层建筑群，处于都市环境中。在这一地区中央的 5 号地设立议事堂和围合成椭圆形的广场空间，防止了地区的过度密集化，成为城市性很高的广场。第一主厅舍设置在 4

号地，防止了邻接的高达 150m 的阶梯楼作为 1 个体量，和比它还高的 243m 的双塔形成巨大的墙，给周围带来压迫感。通过市议事堂、广场、第一主厅舍、中央公园形成了新宿新市中心的中轴线，提高了作为都市大厅的象征性（图 3-38 ~ 图 3-43）。

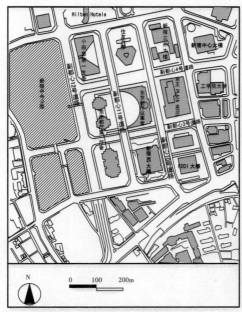

图 3-38　西新宿区域总平面图

图 3-39　东京都都厅建筑外观

图 3-40　副都心新宿都厅广场

图 3-41　都厅广场上的雕塑

图 3-42　道路与都厅的连接

图 3-43　都厅广场上的雕塑

2. 东京建物株式会社新宿中心大楼

大楼规模：

地基面积（m²）：4513.00；层数（层）：地上 54，地下 4，屋顶塔屋 3；高度（m）：222.95；建筑占地面积（m²）：1109.00，总建筑面积（m²）：55393.00。

新宿是人和信息日夜集中的国际情报信息终点站，东京都厅办公大楼、第一流宾馆、大企业的总社等形成了连成一片的新宿新市中心的超高层群。新宿中心大楼，位于中央位置，以理想的布局而自豪。

这幢地上 54 层、高度 222.95m 的大楼，当时在日本是第一高楼，耸立在西新宿超高层群中心。新宿中心大楼，除了办公室以外，还有饮食店铺、银行和诊所等多种多样的便利设施。每天大约有 10000 人在那里工作，加上外来客大约有 25000 人（图 3-44 ~ 图 3-49）。

图 3-44 新宿中心大楼，建物株式会社入口处空地

图 3-45 下沉广场空间

图 3-46 新宿中心大楼空地

图 3-47 下沉式广场细部

图 3-48　新宿中心大楼，建物株式会社下沉式　　　　　图 3-49　大楼之间的开放空地
　　　　　广场细部

3. 新宿三井大厦

大楼规模：

地基面积（m²）：14449.00；层数（层）：地上 55，塔屋 3，地下 3；高度（m）：223.60；建筑占地面积（m²）：9590.00，总建筑面积（m²）：179671.00。

按照"应该确保超高层大厦脚下形成宽广的公共开放空间"的理念，新宿三井大厦是设计的典范，这个低洼的花园，在平日或假日里，是受家庭和情侣欢迎的集会场所。

55 广场由绿色和水，以及褐色系列的陶砖构成。

沿着人行道设置立体的下沉广场，在下沉的崖壁上采用层层跌落的立体造型，形成跌水壁面，传递着这块开放空地的丰富表情。

为了让广场拥有不同的使用功能，设置了三个标高。根据建筑的立地位置，创造多样的、变化的丰富空间，以下沉的中央广场作为中心。

被修剪的丰富的绿色植物，被称作为大楼的花园墙，形成了有进深的美丽曲线。

超过 3000m² 的修剪灌木：根据季节的更迭由杜鹃（*Rhododendron*）、夹竹桃（*Nerium indicum*）、日本三色女贞（*Ligustrum lucidum* 'Tricolor'）、栀子花（*Gardenia jasminoides*）、木槿（*Hibiscus syriacus*）等混植簇生。中庭空间是银杏（*Ginkgo biloba*）、山白竹（*Sasa veitchii*）、常春藤（*Ivy League*）。高度在 10～20m，象征武藏野的榉树（*Zelkova serrata*）为主要树木。

55 广场在创造有生命力的建筑，复苏自然，以及以怎样的形式进行规划设计方面作了有意义的尝试。

容积率超过 10 的高密度地区的办公大楼计划，生动的人性化空间的创造，公共空间一体化的个性丰富的超高层群，诞生了高层建筑脚下的广场空间，是富有生气、令人感到亲切的计划。基于这样的考虑，创造了多样的、亲切的、诗情画意般的广场空间、店铺一体化的商店街广场，营造了都市内的绿色，以及季节感。还有，产生了变化丰富的空间，创造出了集会、休息、相遇等市民生活的场所。

超高层建筑脚下周围的栽植赋有季节感，由于建筑物的高层化，珍贵的地面空间成为了绿色的城市广场。餐馆、茶室、专卖店等，围绕绿色和水等形成了丰富自然的购物广场。

　　超高层建筑脚下，地下构筑物、地表面的铺装、局部高楼风、来自建筑物的辐射、车的废气和大气污染等都是植物生长的不利条件，这样的地表要恢复绿色需要特别关注。为了在这个广场栽种植物，特别是在地下停车场种植高木，尝试了各种各样的办法。

　　在现代超高层大楼中，公共性空地（超高层大楼脚下的汇集广场）的诞生是其特征之一。新宿新都心的高层区得到了被解放的外部空间。三井大楼的下沉式空间被商业店铺围合，形成了休息型广场。广场中用绿色和水以及以人性化尺度，创造了世界闻名的广场（图3-50～图3-55）。

图3-50　新宿三井大厦建筑模型（一）

图3-51　新宿三井大厦建筑模型（二）

图3-52　由暖褐色渐变的陶板砖构成的下沉
式广场入口

图3-53　陶板砖与入口造型的艺术处理

图3-54　沿着人行通道的崖壁进行的跌水设计（一）

图3-55　沿着人行通道的崖壁进行的跌水设计（二）

4. 新宿岛

大楼规模：

地基面积（m²）：21511.00；层数（层）：地上 44，塔屋 2，地下 4；高度（m）：189.42；建筑占地面积（m²）：5207.00（塔楼），11078.00（设施全体）；总建筑面积（m²）：205847.00（塔楼），240058.00（设施全体）。

（1）功能：办公、会馆、住宅、学校。

（2）特征：把灰色作为基调进行色彩设计和共通化的设计要素，形成街道的统一感。公共艺术作品形成了视觉焦点，表现出季节的更迭、完全不同的景观。

（3）主题：创造出丰富的公共空间。新宿岛建筑整体表现了"天和地"的主题。

（4）评价：这里的广场，是人们可以自由利用的开放空地，比其他高层建筑有开敞的感觉。

对城市的多种功能和人的融合，以办公室、店铺为主，合并住所、地方自治团体设施、专门学校、广场等城市功能，作为"对人和善的新智能城市"。

在地基内，把"人的爱和未来"作为题目，许多的公共艺术品与空间互相影响，形成了强烈的个性。同时，在第一流的宾馆和大企业的总社等连成一片的新宿副市中心中，新宿岛成为了人们访问和出色的外景拍摄地（图 3-56 ~ 图 3-67）。

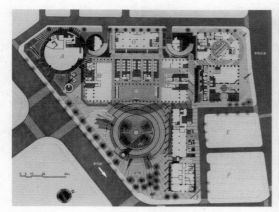

图 3-56　新宿岛大楼剖面与总平面

图 3-57　新宿岛大楼前的公共艺术品（一）

图 3-58　新宿岛大楼前的公共艺术品（二）

图 3-59　新宿岛大楼前的公共艺术品（三）

图 3-60 新宿岛大楼前的公共艺术品（四）

（Luciano Penone,1993 年）

图 3-61 新宿岛大楼前的公共艺术品（五）

（Giuseppe Penone，1993 年）

图 3-62 新宿岛大楼前的下沉式广场（一）

图 3-63 新宿岛大楼前的广场

图 3-64 新宿岛大楼前的下沉式广场（二）

图 3-65 新宿岛大楼前的下沉式广场（三）

图 3-66　跌水壁面细部

图 3-67　斜坡特殊绿化

3.2.5　小结

　　自 2005 年 10 月至 2010 年 10 月，新宿的开发持续进行，比如,超高层大厦有新宿城市中央公园大楼、模特学院大楼、住友不动产西新宿大厦等。

　　更新调整的项目：新野村大厦的建筑用地内的设施进行了更新，有的建筑业主也发生了变化。这个地区有最早建设的开放空地，也有新开发的开放空地，开放空地的设计形式多样。

3.3　汐留地区的开放空地

3.3.1　汐留地区概况

　　被开发的汐留、银座、丸之内、霞关等地区位于邻接市中心的位置，被 JR 东海道新干线和首都高速都心环形线包围,南北细长，面积为 31hm² 的基地。基地的大部分设在 1986 年被停用国营铁路汐留货物站旧址,在这里有办公大楼、宾馆、商业设施、集合住宅、剧场等，就业人口 61000 人，居住人口 6000 人，创造出了都市中心最大的项目。开始建设时间 1992 年，自 2002 年以后投入使用。

　　以前作为日本的铁路发祥地。1872 年完成的新桥停车站,是西洋建筑文化的产物,此后,1914 年东京站被开设成为货物专用车站,改名为汐留车站。在 1923 年的关东大震灾中被烧掉了。从铁路通车到现在已经有 130 年的历史了。

　　汐留位于日本东京都心部,大致为银座以南、筑地以西、新桥以东、滨松町以北一带的区域，东南侧隔着浜离宫恩赐庭园与隅田川、东京湾相邻。自 1990 年中期起开始进行大规模的区域再开发计划，打造多功能复合都市地带，被称为"都心部最后的超大型再开发计划"。

　　1992 年，在"东京都埋藏文化财中心"主导下，开始对货物站旧址范围内的大规模历史遗迹进行调查，不但挖掘出许多江户时代与明治时代遗留下来的各式器物，还发现了新桥停车场与江户时代宅邸的基础结构，以及部分公共设施的旧迹。与此同时，"汐留地区土地区划整理事业与再开发地区计划"成为都市计划项目之一，再开发地区总面积达30.9hm²。之后国铁清算工作团渐次拍卖该区土地，土地区划整理事业也随之展开，经由拍卖取得土地所有权或地上权的新业主们组成协会，进行街区规划工作。

再开发地区的实际建设工作从1999年开始进行，到了2002年10月，由日本最大的广告公司——电通投资兴建的总部大楼落成，成为首栋完工启用的大楼；11月，都营地下铁大江户线与新交通百合鸥号汐留站通车，转乘前往新宿、六本木、台场等地更为便捷；此时，还决定以"sio-site"作为再开发地区的昵称。次年，旧新桥停车场原地重现，多栋大楼也陆续完工启用，形成巨大的高层建筑群，看起来颇为壮观，但也有人批评：建筑群阻挡了自东京湾吹向陆地的海风。

3.3.2 汐留地区街道创造

1. 街道规划的基本方针

（1）从成长型到成熟型的街道创造；

（2）官民协作街道的创造；

（3）理念目标明确的街道创造；

（4）持续的街道创造。

在汐留地区，依据以上的四个基本方针进行建设。

2. 街区设计

汐留的街道计划，把约31hm²的用地分为1区（A街区、B街区、C街区）、2区（D北1街区、D北2街区、D北3街区、E街区）、3区（D南街区、H街区）、4区（I街区）、5区（西街区），形成了有各自特征的5个街区，创造了容易识别、感觉亲密的街道（图3-68）。

3. 公园城市和贯通道路

公园在城市规划中作为以震灾、战祸复兴为目标的空间。汐留的城市设计理念中，以下一代的城市空间设计为目标，形成高低错落的"柔软的公园城市"。用地内贯通东西的汐留大道（313号线）、像水流一样的街道树和用地内各处的小公园有机地组合，创造出了丰富的绿色环境。

把地球和自然的共生作为主题，把高低错落的公园作为中心，把公园城市绿色的轴线和各自的街角作为街区周围环境设计的基本概念。各贯通道路的节点，以"水"、"木"、"火"、"土"、"金"为主题。在汐留的北、东、南设置了入口大门，展开了各自所具有的空间性能（表3-7）。

公园城市和贯通道路规划的基本理念　　　　　　　　　　　　　　　　　表3-7

1. 街道规划（城市设计）的基本理念
2. 区域、设计
3. 公园城市和公园节点
4. 具体的计划
5. 官民协动进行街区建设的效果

通过汐留街区建设联合协会的活动，具体地实现街道的计划，具体如下：

（1）从增长型转向成熟型的街区建设；

（2）官民协动的街区建设；

（3）明确理念目标的街区建设；

（4）持续性的街区建设。

在汐留地区遵照以上的四个方面，进行了街区建设。

贯穿以上的四个方面，不以一时性的城市开发作为目的，而以创造持续性、有综合魅力的街道，从硬的方面到软的方面等的转变作为目标。

3.3.3　具体的计划

1. 汐留大道（313号线）的街道树设计

像公园一样的汐留大道（313号线），形成了绿色丰富的林荫树，树高16m以上，树冠直径8m左右。同时，除高树以外也栽植矮树，形成四季应时、鲜花开放的公园性的栽植计划。

2. 使步行者和汽车分离的立体交通流线

在汐留创造了安全放心的交通动线，为行人提供了步行天桥，街道步行者和汽车的活动路线分离，形成立体活动流线。在步行天桥上采取统一的铺装等，实现了在立体的环境中，带有统一造型要素的环境设计。

3. 地下步行道、通道

在汐留各街区的地下人行道连接部分，也以"水"、"木"、"火"、"土"、"金"地面部分的主题展开环境设计。尤其是设计了能举行各种活动的城市广场，素材选定、照明计划、营运方法、维持方法等，推进形成了官民一体的合作体制。

4. 展开容易识别的设计

为了实现令来访者"留恋"和容易识别的街道，从栅栏和道路明灯、导游图板等展开设计。

3.3.4　绿地在都市开发中的位置

近年来，东京都心部大型民间开发不断，大楼的高层化的推进，促进了开放空地的建设。

1. 都市植栽设计

都市植栽设计的难度有两点：第一点，材料特征的把握，由于都市中植物的生育条件、风害等原因，与图谱中的树木照片和苗圃中的姿态大不相同，还有，基于树木的成长变化，在设计阶段适当的形状、尺度的判断也比较难。第二点，植栽的设计手法不能被广泛理解。作为都市设计的构造要素，应该被作为研究对象，建立起共同认识。

植物在大规模都市空间开发中有以下作用：植栽是表现全体的设计概念的组成部分，植物是立体空间的主要构成要素，根据空间的性质选定植物的色彩、形态、纹理等，植物的成长时间、季节的变化等。

都市的绿地，对吸收二氧化碳、防止地球温暖化、恢复水的循环、缓和热岛现象、调节微气候、确保生物的生育环境和存在的效果起着重要的作用。

2. 高层建筑中树种选择的基准

（1）高木类：①抗大气污染和强风的树种；②根据树叶的状况表现，有春、夏、秋、冬的季节感，以及落叶后的树形美；③夏季绿荫广场的配置；④小树枝自然的树形。

（2）花灌类：①抗大气污染和强风的树种；②常绿的或四季花开的树种；③簇生花木的配置，根据季节开花的树种；④有气味儿的树种，掺和有果实能吸引小鸟集聚的树种。

3. 在人工基盘上的绿化

（1）在大规模构造物中，营造人工的绿色景观。在高速道路的结构部分，高层大楼与地面的接地部分等，导入常绿的大型树木。

（2）在高层大楼敷地内，混凝土地面上、地下与地下空间换气口等其他构造物上进行绿化。

（3）在大规模办公楼的构造中收获的绿色。在回廊外挑的部分进行绿化，应用轻质土壤、人工浇灌系统，进行壁面特殊绿化。

3.3.5　从 1990 年开始进行的基础设施改造

整体的都市计划于 1995 年 3 月在东京都的事业计划中被确定。在汐留有日本最大规模的地下构造物，比如 5 层的地下构造物、地下 1 层的人行道、2 层的地下车路、3 层的地铁大江户线汐留车站等。

按照建筑物的顺序。首先是位于该地区最北端的松下电工东京总社大楼。其次是赤陶花砖外壁的鹿岛栋，从 2 层到 22 层是资生堂，从 24 层到 38 层为宾馆贵族公园汐留塔。还有共同通信公司总社大楼的汐留媒体塔，从 25 层到 34 层是东京花园宾馆。还有住友大楼，从 1 层到 11 层是宾馆，12 层到 25 层为办公室和事务所。在这里导入了"分时技术法"的新服务方式（图 3-68）。

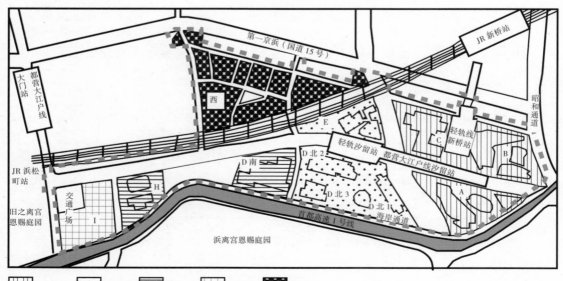

图 3-68　汐留街道划分配置图

3.3.6　汐留的开放空间设计实例

1. 松下电工东京本部大楼

大楼规模：

地基面积（m²）：19708.33（B 街区全体），层数（层）：地下 4，地上 24，旧复原车站 2；高度（m）：120.00, 旧复原车站建筑 15.00；容积率（%）：12；总建筑面积（m²）：约 47308.00（图 3-69 ~ 图 3-72）。

作为战略上的信息发布基地。并长期设有居住及生活方法的展览，常设 Georges Rouault 的绘画展览，松下电工汐留博物馆等。

图 3-69　旧新桥复原的车站建筑周边环境

图 3-70　两栋大楼之间的庭院绿化配置

图 3-71　复原的车站建筑与绿化

图 3-72　复原的车站建筑，保留了过去的建筑遗迹

2. 汐留 SITE 中心

大楼规模：

建筑层数（层）：地下 4，塔楼 1，地上 43；高度（m）：汐留 SITE 中心 215.75；总建筑面积（m²）：187750.00（图 3-73、图 3-74）。

图 3-73   下沉式广场空间

图 3-74   下沉式广场空间与地下、地上公共空间
的连接

　　汐留城市中心汇集了众多代表日本的企业。由 60 家店铺组成的商业设施，强有力地支持着办公空间。顶层设有餐馆街。汐留城市中心的"一号的场所"提供了新时代城市生活的美好憧憬。同时，在地基内复原了铁路开业时的新桥站，开放了复原的旧新桥车站，形成了未来和历史融合的地域。

3.4　小结

　　（1）空间化：将汐留地区的超高层建筑群利用高架天桥和高架磁悬浮列车连接起来。这种从城市设计的角度出发组织城市空间和城市交通的方法，不但缓解了高层区域交通的压力，提高了高层建筑低部公共空间的利用率，解决了人车分流问题，而且也有效地改善了城市空间环境的质量，给城市中心区注入了新的活力。

　　（2）大中庭：大中庭是超高层建筑中公共空间创造的另一种手法。比如："新宿 NS 大楼"、新宿"Park Tower"等也是服务于城市的公共活动的场所。

　　（3）综合化和集约化：单体建筑"综合化"，群体组织"集约化"的方向发展，侧重于对大规模高层建筑集群的建设和开发进行一体化设计施工，由若干层联结在一起的一个整体建筑，是统筹组织各单体建筑的功能结构、建筑空间和交通流线的建筑群。

　　（4）一体化：日本自 20 世纪 70 年代初开始了大规模的高层建筑群的开发，超高层建筑大多集中在一起建设，把城市公共活动空间的创造和地区环境的整修进行一体化处理，注重高层建筑与城市交通网络的连接和低部公共空间的立体化开发。汐留地区等，已经成为日本现代化的象征。

本章参考文献：
东京都都市整备局市街地建筑部建筑企画部.建筑统计年报［R］，2009.

第4章　大阪市的开放空地

根据大阪市计划调整局建筑指导部的"建筑基准行政年报统计"，自1973年导入综合设计制度开始，到2009年3月，共有884件被批准为综合设计制度许可建设的项目，其中包括了居住区项目的数量，创造出了大约120万 m² 的开放空地。

4.1 《大阪市综合设计制度的开放空地规划方针》概要

为了方便市民共同利用公共空间，并且确保空间的高质量，以形成安全舒适的步行者空间为目的，上述街路以及街路地区的规划，按照以下的开放空地规划方针进行。

（1）每条街路的开放空地的规划方针；

（2）开放空地的位置及形状；

（3）开放空地的栽植及主要街路的个性等；

（4）开放空地的建筑物低层部分的用途等。

4.1.1　大阪市综合设计许可纲要实施基准

综合设计制度适用的基本必要条件见图4-1～图4-5。

作为适用综合设计制度最低限度的必要条件：①一定规模的用地面积；②一定比例的空地率；③确保建筑物前面道路的宽度；④确保开放空地。

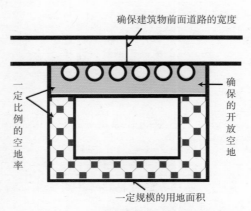

图4-1　开放空地适用的基本条件

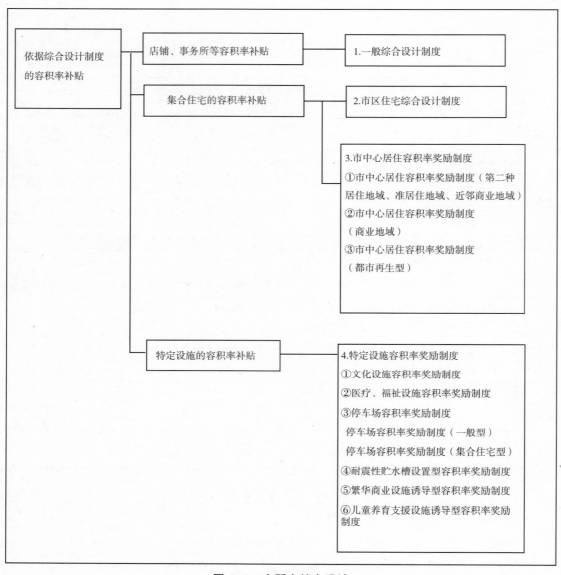

图 4-2   大阪市综合设计

4.1.2   配置计划

关于配置计划，为了确保推进步行者空间和绿化等市区环境的规划，十分注意考虑以下的步行设备、用地周围的土地利用情况等。

1. 步行道整备

关于用地内的步行道、汽车道，使用方砖等材料（不可使用沥青铺路）。不是开放空地内的道路，与步行道一体进行整修时不受此限。

2. 绿化

为了步行者的使用，在开放空地内积极地创造出绿色，规定在开放空地内以开放空地

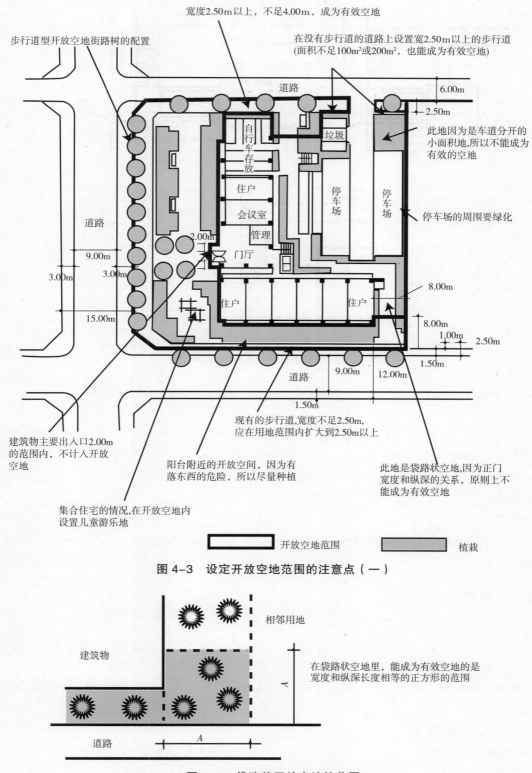

宽度2.50m以上，不足4.00m，成为有效空地

在没有步行道的道路上设置宽2.50m以上的步行道
(面积不足100m²或200m²，也能成为有效空地)

步行道型开放空地街路树的配置

道路

6.00m

2.50m

此地因为是车道分开的
小面积地，所以不能成为
有效的空地

自行车存放

垃圾

住户

会议室

管理

停车场

停车场

停车场的周围要绿化

门厅

道路

2.00m

9.00m

3.00m

3.00m

15.00m

住户

住户

8.00m

8.00m

1.00m

2.50m

1.50m

道路

9.00m

12.00m

1.50m

建筑物主要出入口2.00m
的范围内，不计入开放
空地

阳台附近的开放空间，因为有
落东西的危险，所以尽量种植

此地是袋路状空地,因为正门
宽度和纵深的关系，原则上不
能成为有效空地

集合住宅的情况,在开放空地内
设置儿童游乐地

开放空地范围

植栽

图 4-3　设定开放空地范围的注意点（一）

相邻用地

建筑物

在袋路状空地里，能成为有效空地的是
宽度和纵深长度相等的正方形的范围

A

道路

A

图 4-4　袋路状开放空地的范围

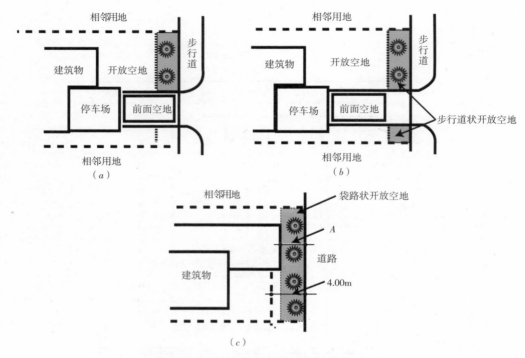

图 4-5　设定开放空地范围的注意点（二）

（a）停车场的前面空地和步行道部分重复，不能成为有效的"步行道型开放空地"；（b）前面空地和步行道部分分开设置，能成为有效的"步行道型开放空地"；（c）穿通用地的全长最小的宽度 A 为有效的"步行道型开放空地"的宽度

实际面积的 20% 以上进行绿化。

同时，通过高木、中木、矮木进行适当配置，创造出绿色丰富的视觉效果。关于绿化面积的计算方法，参照《为建筑物附带的绿化指导指针》。

3. 自行车存放

自行车停车场，在住宅用途的地区中确保每户 2 台的存车空间，还要对应老年人和孩子的利用。

4.1.3　开放空地的计划

1. 开放空地的计划

开放空地的计划，不仅仅是单纯的开放空间，还应作为更积极的宽裕的空间，设置长椅、小品等，形成舒适的开放空地。同时，尽可能实施绿化。

开放空地原则上要求在统一的水平面上形成步行道路，在出现台阶的情况下，需要考虑无障碍设计。

2. 开放空地的范围

建筑物主要的出入口周边 2m 的范围内，不属于开放空地面积。

袋状开放空地的情况，宽度和纵深长度相等，被看做为开放空地。

4.2　御堂筋街道的开放空地

4.2.1　诱导政策

实施路线。把南北称为"通"，比如土佐堀通、长堀通等；把东西作为"筋"，比如沿东横掘河的13条主要街路（图4-6～图4-28）。

建筑计划对象。在上述街路围合的建筑用地内，按照《建筑基准法》第59条中第2款的规定，以500m² 以上的用地面积，保证一定比例以上的开放空地，使之成为综合设计制度许可建设的建筑对象。

1. 御堂筋街道诱导制度

基本理念：适合"面向21世纪的国际城市，创造有情趣、繁华热闹、宽裕的、赋有魅力的大阪"。

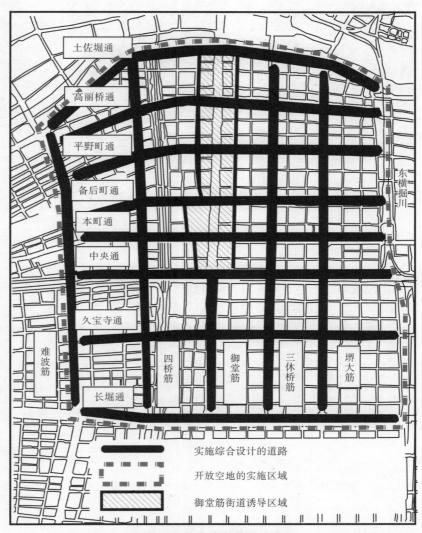

图 4-6　御堂筋街道诱导地区

图 4-7　御堂筋大街银杏林荫道

图 4-8　御堂筋大街两侧辅道及步行道

图 4-9　表现御堂筋大街的历史、
遗迹等的雕塑作品

图 4-10　御堂筋三井大楼步道状空地与街路的连接

图 4-11　御堂筋三井大楼底层停车场及与道路
的连接

图 4-12　明治安田保险大楼步道状空地与
街路的连接

图 4-13　日本生命新南馆底层部分的细部处理　图 4-14　日本生命新南馆入口与步道状空地的衔接

图 4-15 日本生命新南馆底层架空部分的细部设计

图 4-16 日本生命新南馆步道状空地与街路的连接

图 4-17 日本生命新南馆底层架空部分作为
建筑重要入口及空地的处理

图 4-18 步道状空地与大楼"边"的处理

图 4-19 淀屋桥大楼"边"的处理

图 4-20 淀屋桥大楼建筑用地内的景观设计

图 4-21　淀屋桥大楼宽阔的开放空地　　　图 4-22　Yodoyabashi Apple Tower Residence "和风" 式绿化（一）

图 4-23　Yodoyabashi Apple Tower Residence "和风" 式绿化（二）　　　图 4-24　"和风" 式绿化细部处理

图 4-25　Hotel Brightoncity Osak Kitahama 建筑入口与步道状空地　　　图 4-26　Hotel Brightoncity Osak Kitahama 步道状空地与绿化处理（一）

图 4-27　Hotel Brightoncity Osak Kitahama　图 4-28　Hotel Brightoncity Osak Kitahama
　　　　　步道状空地与绿化处理（二）　　　　　　　　步道状空地与绿化处理（三）

2. 御堂筋街道诱导的目标

以银杏树为行道树，创造丰富的绿色空间：

（1）为全世界的人们相遇、活动、交流，创造充满活力的、繁华的城市。

（2）创造有文化气息的、快乐的步行空间。

（3）创造有风格秩序的美丽城市。

（4）市民、企业、行政相互合作，创造有魅力的城市环境及街景。

（5）建筑物的指导纲要。

3. 诱导基准

1）墙面的位置

建筑物外壁的位置，在御堂筋大街墙面后退 4m，在其他的街路中墙面后退 2m 以上。

2）建筑物的高度

面向御堂筋大街高度为 50m 的塔楼，屋上设备等超过 50m 的部分，从御堂筋大街方面建筑外墙再后退 10m 以上，高度要在 10m 以下，从步行者的视线看不到突出的形态。

4. 墙面后退部分的用途

沿着御堂筋大街，建筑墙壁的后退部分作为步行者空间，以银杏树为行道树，以及象征城市历史文化、遗址等的绘画和雕塑作品等，形成舒适的外部空间。

5. 作为建筑物低层部分的用途

为步行者提供公共性、文化性高的设施，比如：美术展览室、小规模美术馆、大厅、商品展出室、各种信息设施等，形成内部空间。

6. 建筑物的外观

外墙的材料、色彩一边形成与周边建筑物的协调，一边创造美丽的城市景观，与邻接建筑物进行连续性的统一设计。同时，如果在屋顶设置高架水槽等时，还应用花格和屏幕等掩盖。

7. 广告物等

为了形成有风格的、美丽的城市，对广告物等的设置，规定一定的条件。

8. 建筑低层部分细部的理念

面向御堂筋大街的部分建筑墙面后退 4m，面向其他街路的建筑墙面后退 2m 以上。

9. 建筑物的高度以及墙面位置

面向御堂筋大街的部分，建筑物形成底层架空、中庭空间等，构成舒适宜人、丰富的空间。建筑物高度超过 50m 时，要求塔楼、构筑物等外墙后退 10m 以上，其形态不采用阶梯式。

4.2.2   依据综合设计制度对建筑物的诱导

在综合设计制度关于建筑物诱导指导纲要的区域内，御堂筋大街的诱导基准为适合用地面积在 500m² 以上的建筑物，适用综合设计制度，接受下列的建筑物的高度限制的缓和以及容积率补贴。

在地基面积为 500m² 以上的建筑物，可以缓和与相邻地的建筑高度限制。

在建筑物周边等设置开放空地时，可补贴在一定范围内的容积率。

4.2.3   景观设计的基本考虑

1. 公共空间的景观设计

城市和公共设施"连接"的景观设计：

学校和图书馆、区政府、官公署设施等公共设施，规模比较大，景观上也成为地域的核心设施。在实施良好的设计形成地域景观先导的同时，考虑与城市相关联的设计和设施形成一体化的空间创造。

建筑用地之间没有界限的划分，而且根据绿化和日照的需要，形成无界限分割的整体、连续的设计，积极开发公共空间。

2. 步行者空间的景观设计

景观和城市创造，是快乐地眺望城市环境所不可缺的。需要重视步行者的道路。孩子和老年人等，以走路上学和散步为主。在城市中乱停汽车、自行车，都是有碍观赏都市景观的因素。站在步行者的立场，推进快乐的步行空间建设很重要。

3. 袋路状空间的景观设计

利用小公园和开放空地等，在城市中创造袖珍型的公共空间、方便大家利用的袋路状空间。

4. 水的景观设计

河川和喷泉，瀑布和跌水的空间，是城市景观的重要要素。需要用活水，创造湿润景观。

5. 地下街的景观设计

以梅田、难波地区为首，构成大阪府的主要终点站以及大规模的地下街网络。为了舒适地行走，在灾害的时候能形成顺畅的避难路线，在公共地下街和大楼地下街、地下停车场的出入口、联络口等进行清晰明了的导向设计十分重要。

6. 高架构造物的景观设计

高架道路和高架铁路等构造物，规模巨大，对景观带来的影响也大，跟周边景观的协调十分重要。

4.2.4　建筑物用地内的景观

1."边"的景观设计

建筑物用地内彼此进行整合性的设计,"边"的处理十分重要。道路和地基的"边",建筑物和公共空间的"边",水和土地的"边",丘陵和平地的"边"等,不同的空间互相衔接,"边"的设计是景观设计的关键点。很好地理解边之间的关系性、关联性十分重要。

2.建筑物的景观设计

不仅是单体建筑物的设计,而且应该与建筑群统一协调,与街道形成整体关系。与周围的城市比较,与周边的环境调和,充分地进行讨论。

3.建筑用地内的景观设计

作为公共设施和大规模大楼,集合住宅区宽广用地内的设施,建筑物周围的用地设计也很重要,需要对用地全体进行设计,同时,尽可能争取向公众开放的空间。

4.确保停车的景观设计

作为汽车的出发和到达场地,停车场空间沿街路以及步行道空间的形式较多,停车的景观设计也很重要。

4.3　大阪市西梅田花园城的开放空地

JR 大阪站西侧地区,是邻接西日本最大的终点站。本计划根据土地区划事业,作为道路、公园等城市基盘设施规划的区域,约 9.2hm^2,周边区域约 1.4hm^2,包括西梅田地区共计 10.6hm^2,进行了市区整修(表 4-1、图 4-29 ~ 图 4-31)。

大阪市西梅田花园城概要 表 4-1

地区面积	约 10hm^2
设施总面积	约 55hm^2
设施用途	业务、住宿、商业、文化等复合设施
容积率	8~12(以前是 4~10)
从业者人口	约 25000 人

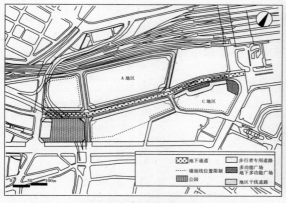

图 4-29　西梅田花园城再开发总平面图

图 4-30　西梅田花园城再开发模型

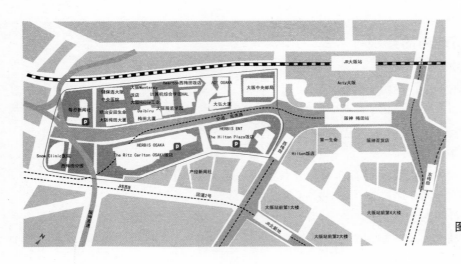

图 4-31　西梅田花园城建筑配置图

4.3.1　西梅田花园城再开发的背景

1. 事业的计划

1987 年 8 月确定了在大阪市西梅田地区的文化、国际、信息的城市机能的强化和绿色丰富良好的城市环境的规划。以该地区的土地所有者为中心，目前该地区有了商务、宾馆、商业、文化等的复合机能，在创造富有魅力空间的同时，致力于确保形成舒适的步行者空间，创造繁华的街道，使其成为大阪的象征。

2. 再开发地区建设计划

为了以京都阪神城市圈为首，作为广域性的交通重要地点，担负起今后的重要作用，就 JR 大阪站西侧的邻接地区，强化文化、信息的城市机能和形成良好的城市环境。在徒步范围以内，形成有了商务、宾馆、商业、文化等复合机能的都市，在创造富有魅力的空间的同时，致力于确保公共空间，推进创造绿色丰富的街道。

根据西梅田地区修建事业，重新就地区计划、道路、公园等进行了规划。大阪花园城的建设，兼备了文化、国际信息等城市机能的 10 栋商业大楼在 1992 ~ 2001 年间竣工了。

新的区划修建事业，从 2 个街区到 1 个街区的集约整修，与既存的再开发计划区域、散步道、绿地、入口广场、地下步行道路进行了连接。

采用用地整序型土地区划整修事业，用地南侧道路和东侧道路的拓宽、街区实现整形化、一体化，成为该地区的课题。

3. 土地利用的基本方针

从西日本最大的终点站开始，为了充分利用徒步范围内的地区特性，实现与市中心相称的土地利用，以及为了引进城市功能，规定出以下土地利用方针：

（1）形成具有业务、住宿、商业、文化等复合功能的城市，并富有魅力的空间。

（2）在高度利用土地的同时，还要努力确保开阔的开放空地，建成有大量绿化的城市。

（3）为了确保行人和车行都有适当的行动路线，确保供应处理设施的空间，要争取地下空间的有效、灵活运用。

4.建筑物等的建设方针

利用建筑用地范围内的空地，使公共空间的道路、公园和私人空间的建筑物占地有机地连接起来，建设成安全、舒适的步行者空间，同时为了形成良好的环境，努力做好建筑用地范围内的绿化，利用建筑形态或造型，建成协调性好、有魅力的街道景观。

与西梅田道路相连接的建筑物，一层部分的用途为商店、展示空间、宾馆等的大厅，日常可供人行使用，把人流吸引到繁华热闹的大街。

根据全地区的交通状况，修建适当规模的停车场设施。通过适当的布局，形成没有障碍的步行空间。从有效利用地下空间的观点出发，在充分注意舒适和防灾问题的基础上，通过地下人行道和建筑物的连接，形成舒适的人行空间的网络化。

确保建筑用地内的公共空间，在努力进行绿化的同时，注重形态、用途的诱导，有魅力的街道和市民集会，形成热闹、繁华、快乐的街道。

1）主要公共设施的布局及规模（表 4-2）

主要公共设施的布局及规模　　　　　　　　　　　　　表 4-2

设施名称	规　模
地区干线道路 1 号	宽 12m，长 380m
地区干线道路 2 号	宽 12m，长 100m
地区干线道路 3 号	宽 16m，长 105m
地区干线道路 4 号	宽 16m，长 70m
公园	约 6400m²

2）关于建筑物的事项（表 4-3）

建筑物事项　　　　　　　　　　　　　表 4-3

建筑容积率最高限值：8
建筑容积率最低限值：0.7
建筑物的建筑用地面积最低限度：1000 ~ 2000m²
墙面位置的限制，建筑物形态或者造型的限制，围墙或者围栏的结构限制

5.公共设施的建设方针

为了通畅地处理好地区内及周边的汽车交通，要适当地修建地区干线道路，同时要植树，确保行人空间有大量的绿化带。

从 JR 大阪车站到中之岛西部，作为行人交通网络，修建一座公园，在开发地区的西南角可成为地区的象征，又可以作为舒适的广场空间。

为了形成宜人的步行者空间，在用地内设置步行者专用道路，与公园等形成一体化的系统，整修安全舒适的步行者空间。

6. 西梅田花园城的绿

为了使大阪花园城与梅田终点站地区有机地连接，形成一体化，贯穿大阪花园城东西的地上部分及地下部分道路，创出了舒适宜人的步行者空间。

这个花园林荫路，形成从梅田地区到达福岛、中之岛地区的步行者网络的同时，担负着在地下被连接的大阪花园城的各大楼的入口前厅的作用。"大阪花园城"是西梅田地区重新开辟事业的爱称。

对地上部分，道路沿着各个大楼的地基，设置了宽度 10m 的散步道。栽植部分，以榉树为街道树，人行道沿着开花的常绿低木映山红、杜鹃等常绿树带，四季应时的花卉，演示着被花和绿色包围了的舒适宜人的步行者空间。照明主要采用高杆型照明，部分设置脚光，增强了设计感。同时，确保形成街区内宽阔的开放空间。

对地下部分，设置了从大阪花园城的西端连接到梅田终点站地区的地下街，长度为 600m，最大宽度为 19m 的步行道"花园林荫路"。设置在东边的"水声的入口"波及 100m 外的瀑布和水池，以及设在中央的"绿色的舞台"，利用地下设施创造了令人感到新奇的绿色丰富的庭园风广场，在西端的"坡的美术展览室"墙面配置艺术作品，创造了洋溢着安全舒适感的文化性空间。

4.3.2　西梅田花园城开放空地实例

1. 由明治安田生命大楼、梅田 Daibiru 大楼、大阪中央病院、大阪 Monterey 宾馆构成的广场

从步行道和底部架空的梅田 Daibiru 大楼下面行走，不经意就可以到达这里，这个广场从腻烦的汽车流动中被分离出来，咖啡厅和下沉式的空间，构成了广场的中心。广场上的高树、坐凳、地面铺装等功能设施，构成了广场的构图关系，产生了丰富的视觉效果（图 4-32 ~ 图 4-45）。

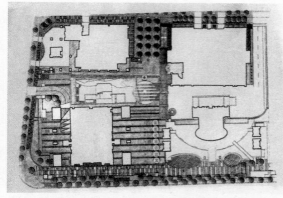

图 4-32　四栋大楼开放空地的整体设计体现出"连接"性，没有境界划分

图 4-33　梅田 Daibiru 大楼与广场入口

图 4-34 广场状空地中的树木　　　图 4-35 广场状空地的整体效果和露天家具的配置

图 4-36 下沉式广场上的咖啡厅　　　图 4-37 广场与下沉空间的衔接处理

图 4-38 流水的崖壁，采用退台的肌理，在光线　图 4-39 梅田 Daibiru 大楼架空形成中庭空间
　　　 的作用下，使得流水产生了韵律感

图 4-40　梅田 Daibiru 大楼水景与地下空间的
"边"连接设计

图 4-41　梅田 Daibiru 大楼底层架空与地面
"连接"设计

图 4-42　梅田 Daibiru 大楼的底层，通过椭圆形
的玻璃入口组织了大楼的竖向交通。大楼的底层
部分基本上是架空式的处理，支柱之间为水面和
中庭式开放空地。梅田 Daibiru 大楼，在绿色多
的大阪花园城中持续提供高质量的商务空间

图 4-43　梅田 Daibiru 大楼的入口

图 4-44　明治安田生命大楼空地的细部处理

图 4-45　地下层与地面的"贯通式"处理。也
将阳光和风引入到地下

2.The Hilton Plaza WEST，HERBIS ENT 综合建筑体

该方案将车站前两幢重新开发的大楼连接起来。广场分为地上和地下两部分，面积均为1000m² 左右。设计采用"绿色光井"，把自然光线和绿色引入建筑当中，将建筑与广场、地上和地下、内部和外部巧妙地联系在一起。城市景观如何才能表现于建筑空间中，建筑空间怎样才能更好地与城市空间融为一体，通过设计进行了诠释。人们往来于"绿色光井"之中的时候，这两幢大楼与广场渐渐地融入了城市空间之中。

西梅田超高层建筑中的开放空地，特点在于地下空间的利用。这里的空地实际上是通过建筑的地下空间、建筑底层的架空等整体式设计手法形成的。

2004 年 11 月，"成年人的街"在西梅田诞生，成为人们感情留恋的舞台，剧场性的空间意象的环境，提供了高感度的娱乐设施和汇集了品种丰富的店铺，提供着顾客至上的服务（图 4-46 ~ 图 4-54）。

图 4-46　The Hilton Plaza WEST，HERBIS ENT 综合建筑体，从地面伸展到地下的特殊绿化细部设计

图 4-47　从地面延伸到地下的贯通式设计

图 4-48　由金属材料和特殊绿化构成的"绿色光井"装置

图 4-49　从地面延伸到地下的贯通式"绿色光井"的细部效果

图 4-50　HERBIS ENT 建筑外观

图 4-51　小空间中的绿化与装置

图 4-52　通向地面的楼梯踏步缝隙中的特殊绿化

图 4-53　"贯通式设计"的地面部分

4.4　小结

　　首次在西日本的大阪市西梅田地区，使用了建筑用地整序型区划处理，进行了基地的一体化改造。道路的整修实现了与将来都市中心的多机能相适合。这是由于地权者致力于同样的目标，能得到行政各部门的指导，是合作的结果。开业后看到了热闹繁华的周边环境，改善了交通状况。这里的综合开发事业，对城市的构造及区划改造事业等产生了很大的影响，促进了对基盘整修、大规模改造计划重要性的再认识。

图 4-54　"绿色天井"将自然光线
引入地下空间

这个项目，对于土地所有者和当地的公司来说，确实是集大成的项目，正因为如此，重建改造计划花费了数十年的时间，作为与 JR 大阪站相衬的形象，首先受益于阪神电力铁道，还受益于建筑用地整序型土地区划改造事业的新手法，最大限度地进行了地区开发。

本章参考文献：
大阪市计划调整局建筑指导部 . 建筑基准行政年报 ［M］，2008.

第 5 章　福冈市的开放空地

福冈市 1973 年实施综合设计制度。

在福冈市大部分的开放空地都设置在商业、业务集中的地区，有的与地铁出入口、地下步行道形成直接联系的网络，有的是向市民开放的广场，有的成为步行者专用通道。这种公共空间类型在高层建筑地域内形成了空间的整体网络，成为都市中心部位人们主要的交往活动空间。

本章以福冈市实施综合设计制度以来允许建设的开放空地项目为对象，以能够为人们提供自由利用的公共空间或设施为视点，对建筑低层部分被作为城市设施使用的程度进行了现场调查，对调查结果进行了统计分析，得到了许多启发。

5.1　调查分析的顺序

本次调查按如下的顺序展开：①福冈市综合设计制度；②与开放空地相关的基础资料调查整理；③开放空地的现场观察、开放空地的现状与分类；④今后的课题研究。

自 2000 年 10 月开始至现在的统计，福冈市实施的综合设计制度允许建设的开放空地项目为 128 例，本次调查的对象为 74 例（表 5-1）。

本调查的结论，希望能够对福冈市的开放空地建设及具体状况有所把握，为其他城市公共空间体系的构成提供参考。

5.2　市中心机能更新的诱导方针、政策

5.2.1　新的评价指标和容积率

2009 年，为了强化福冈市中心的机能，创造亚洲的九州，创设了环境、魅力、安全、安心、互动五个项目评价指标，确定了新型容积率特例制度和诱导政策，对都市公共空间质量有了具体的评价项目。

计划面积在福冈市中心大约 $10hm^2$ 的范围内，居住建筑除外的地区，采用新型的容积率特例制度，从过去制定的 9 的容积率，扩充到 12。

在诱导市中心机能更新的方案中，还对用地面积为 $2000m^2$、容积率为 12 的建设条件进行了分析。本调查的计算结果是：占地面积为 50%，建筑层数为 24 层，高度大约为 72m，以及占地面积为 60%，建筑层数为 20 层，高度大约为 60m。这样的容积率计算结果，已经相近于东京都丸之内、大手町地区的容积率。

5.2.2　新扩充的项目

在被扩充的项目中，都市建设的配置评价、用地外公共设施的整修评价是新的内容，另外，开放空地评价的内容比以前也增加了 2 倍。在用地外公共设施的整修评价当中（新规定的项目），包括的内容是：推进用地外关联的公共设施作为计算评价的依据，确保地下步行道路和附加道路行车线等用地外的关联公共设施。开放空地的评价内容比以前也扩充了 2 倍，包括的内容是：开放空地用地内的面积比例，用一定的计算公式进行评价，推进开放空地与步行空间形成一体化整修，为实现交通的顺畅化，扩大了 2 倍进行计算。

整修设施面积的评价项目包括：文化设施、太阳光发电设施、地区的制冷和供暖设施、防灾用储存库等。容积率的扩充项目比以往多了：都市建设的配置评价、用地外公共设施的整修评价、开放空地的评价。

在《福冈市中心机能更新诱导方案》中，还把 30 年以上的建筑和道路宽度不足 4 ～ 6m 的道路，划为紧急整修地区。

5.3　开放空地的空间关系

开放空地的空间关系有平面形态和立体形态，立体形态的空地往往分布在建筑的地面、地下、屋顶等。本调查对图 5-1 中所示的开放空地楼梯、自动扶梯、无障碍坡道和台阶四个类型的比例进行了统计。结果表明，在底层架空型中楼梯、自动扶梯所占比例较高。无障碍坡道和台阶在以上四种类型中配置齐全，均为 100%。

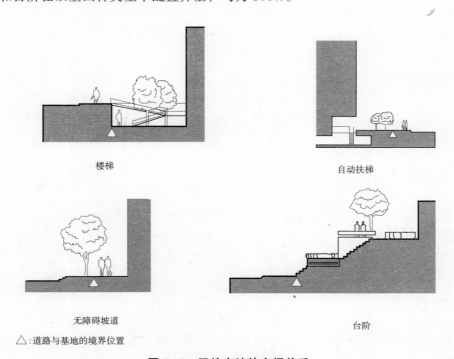

楼梯

自动扶梯

无障碍坡道

台阶

△ :道路与基地的境界位置

图 5-1　开放空地的空间关系

5.4　与街道的连接

对图 5-2 所示的步行道型、广场型、贯通型（用地内通道）、综合型（同时具有步行道、广场、贯通道路的特征）四种与街路的连接进行了调查。

结果表明，开放空地与道路连接的面数以 2 面或 3 面的占大多数，还有 4 面或 1 面与街路连接的情况。在本调查的统计中，贯通型在步行道型中比例较高。综合型在底层架空型和步行道型 + 广场型中所占比例较高。

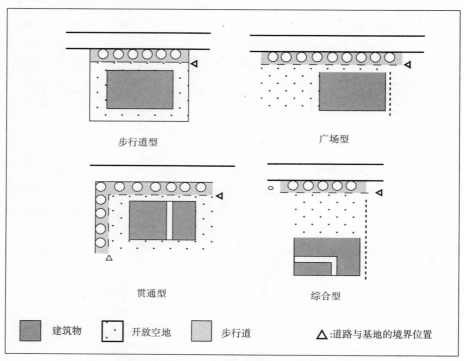

图 5-2　开放空地与街路的连接

5.5　共同利用机能

对开放空地中的服务设施配置中的座椅、烟灰缸、自动售货机、遮阳蔽雨设施四个项目进行了调查。结果表明，座椅在综合型和步行道型 + 广场型中所占比例较高，在步行道型中所占比例较低。自动售货机、座椅、烟灰缸在底层架空型中所占比例较高。

5.6　修景设施

在修景设施的调查中，对开放空地标识板、水景、雕塑、花坛、树木进行了调查。结果表明，水景在底层架空型中的比例较高，雕塑在综合型中所占比例较高。花坛在综合型和底层架空

修景设施　　　　　　　　　　　　　　　　　　　　　　　表 5-1

调查项目	步行道型（46 栋）				底层架空型（14 栋）				综合型（7 栋）				步行道型 + 广场型（7 栋）			
修景要素	水景	雕塑	花坛	树木	水景	雕塑	花坛	树木	水景	雕塑	花坛	树木	水景	雕塑	花坛	树木
小计	2	6	40	44	5	5	13	14	2	4	7	7	2	2	6	7
比例（%）	4.4	13	87	96	36	36	93	100	28.5	57.1	100	100	28.5	28.5	86	100

型中所占比例较高。而水景和雕塑的指标比较低。开放空地标识板配备齐全（表 5-1）。

5.7　建筑物的用途

在被调查的 74 例开放空地项目中，事务所占 31 例，集合住宅为 20 例，复合用途的为 7 例，旅馆饭店为 6 例，市政厅馆舍为 2 例，银行为 1 例，医院为 1 例，剧场为 1 例，百货商店为 5 例，其中最多的是事务所。

复合用途的有天神地区的 IMS SQUARE 大楼和 Canal city 博多，主要是商业和事务所，作为复合商业设施被利用的较多。

开放空地是在综合设计制度中，采用容积率奖励政策，这种空间类型在《福冈市中心机能更新诱导方案》又有了新的评价指标，表明了这种公共空间类型在都市空间中的重要性，成为了都市景观重要的构成要素。

5.8　调查的分类

以提供可以自由利用的空间、设施、建筑形式等为视点，将调查福冈市的开放空地分为步行道型、底层架空型、综合型、步行道型 + 广场型四种形式。

5.8.1　步行道型

沿步行道路形成的细长状空地，为人们提供自由利用的设施，主要是步行道、树木、花坛、座椅等。

5.8.2　底层架空型

该类型位于建筑低层，由独立支柱形成悬挑的"檐下覆盖空间"。

5.8.3　综合型

由几栋建筑围合，共同形成的开放空地。

5.8.4　步行道型 + 广场型

不同于步行道型的细长式空间，有某种程度的透视和进深感，相对集中的空地。

根据开放空地的空间关系设定了楼梯、自动扶梯、无障碍坡道或台阶等调查项目；根据开放空地与街路连接的面数和连接方式设定了步行道型、广场型、贯通型（用地内通道）、组合型（同时具有步行道、广场、贯通道路的特征）四种与街路连接的调查项目；根据在开放空地中的服务设施配置情况设定了座椅、烟灰缸、自动售货机、遮阳蔽雨设施四个调查项目；根据修景设施设定了开放空地标识板、水景、雕塑、花坛、树木五个调查项目。

本次调查共 74 例，根据以上分类的统计，步行道型为 46 例，占 62.1%；底层架空型为 14 例，占 19%；综合型为 7 例，占 9.5%；步行道型 + 广场型为 7 例，占 9.5%。

以上的 74 例开放空地，在福冈市市区建筑密集地区，为人们提供了多样性的、可以自由利用的公共空间，为人们提供了交流的重要场所，并且是提高市民生活质量的重要资本。

5.9　步行道型开放空地

见表 5-2。

步行道型开放空地调查统计　　　　　　　　　　表 5-2

开放空地类型	建筑名	建筑空间的连接（注1）			与街道连接的类型（注2）				共用机能（注3）				景观构成要素（注4）					主要用途
		①	②	③	①	②	③	④	①	②	③	④	①	②	③	④	⑤	
步行道型	北别馆	—	—	○	—	—	—	—	—	—	—	—	—	○	—	—	○	市厅
	Best 电器	—	—	○	—	—	—	—	—	—	—	—	—	—	○	—	○	百货店
	Tenjin Crystal Building	○	—	○	—	○	—	—	—	—	—	—	—	—	—	—	○	复合用途
	天神 Twin 大楼（明治安田保险大楼）	—	—	○	—	—	—	—	—	—	—	—	—	○	—	○	○	复合用途
	MID 大楼	—	—	○	—	—	—	—	○	○	—	—	○	—	—	—	○	事务所
	Hote Ascent Fuhuoka 日特	○	—	○	—	—	—	—	—	—	—	—	—	—	—	—	○	宾馆
	Ark Hotel、安国寺停车场	—	—	○	—	—	—	—	—	—	—	—	—	—	—	—	○	宾馆
	天神幸大楼	—	—	○	—	—	—	—	—	—	—	—	—	—	—	—	○	事务所
	东芝福冈大楼	—	—	○	—	—	—	—	—	—	—	—	—	—	—	—	○	事务所
	电通福冈大楼	—	—	○	—	—	—	—	—	—	—	—	—	—	—	—	○	事务所
	三井住友海上福冈赤坂大楼	—	—	○	—	—	—	—	—	—	—	—	—	—	—	—	○	事务所
	大成建设九州支社	—	—	○	—	—	—	—	—	—	—	—	—	—	—	—	○	事务所
	大手门 Binder Building	—	—	○	—	—	—	—	—	—	—	—	—	—	—	—	○	宾馆
	东横 Inn Hotel	—	—	○	—	—	—	—	—	—	—	—	—	—	—	—	○	事务所
	Life with Urban Vienx	—	—	○	—	—	—	—	—	—	—	—	—	—	—	—	○	事务所
	Anperena Momochi 老人 Home	—	—	○	—	—	—	—	—	—	—	—	—	—	—	—	○	集合住宅
	Grande Malson Momochama	—	—	○	—	—	—	—	—	—	—	—	—	—	—	—	○	集合住宅
	Loire Gaarden	—	—	○	○	—	—	—	—	—	—	—	—	—	—	—	○	集合住宅
	D-WING.Harbor View Tower	—	—	○	—	—	—	—	—	—	—	—	—	—	—	—	○	集合住宅
	大博大街商务中心	○	—	○	—	—	—	—	—	—	—	—	—	—	—	—	—	事务所
	博多三井 Building 2 号馆	—	—	○	—	—	—	—	—	—	—	—	—	—	—	—	○	事务所
	Hakata Urban Square	—	—	○	—	—	—	—	—	—	—	—	—	—	—	—	○	事务所
	博多车站前商务中心	—	—	○	—	—	○	—	—	—	—	—	—	—	—	—	○	事务所
	博多富国生命大楼	—	—	○	—	—	—	—	—	—	—	—	—	—	—	—	○	事务所
	三州博多站前大楼	—	—	○	—	—	—	—	—	—	—	—	—	—	—	—	○	事务所
	第一三共株式会社	—	—	○	—	—	—	—	—	—	—	—	—	—	—	—	○	事务所
	九劝筑紫路大楼	—	—	○	—	—	—	—	—	—	—	—	—	—	—	—	○	复合用途
	Echo 大楼	—	—	○	—	—	—	—	—	—	—	—	—	—	—	—	○	事务所
	AQUA 博多	—	—	○	—	—	○	—	—	—	—	—	—	—	—	—	○	事务所
	读卖新闻西部支社	—	—	○	—	—	—	—	—	—	—	—	—	—	—	—	○	事务所
	GEO Initia Hakata Ekimae	—	—	○	—	—	—	—	—	—	—	—	—	—	—	—	○	集合住宅
	NTT Docomo 九州支社	—	—	○	—	—	—	—	—	—	—	—	—	—	—	—	○	事务所
	D-WING tower	○	—	○	—	—	—	—	—	—	—	—	—	—	—	—	○	集合住宅
	Island Tower	○	—	○	—	—	—	—	—	—	—	—	○	—	—	—	○	集合住宅
	大和 House 工业	—	—	○	—	—	—	—	—	—	—	—	—	—	—	—	○	集合住宅
	GRAN ALT Tenjin Tower（天神塔）	—	—	○	—	—	—	—	—	—	—	—	—	—	—	—	○	集合住宅
	FBS 福冈放送大楼	—	—	○	—	—	—	—	—	—	—	—	—	—	—	—	○	事务所

续表

开放空地类型	建筑名	建筑空间的连接（注1）			与街道连接的类型（注2）				共用机能（注3）				景观构成要素（注4）					主要用途
		①	②	③	①	②	③	④	①	②	③	④	①	②	③	④	⑤	
步行道型	Client 天神 Tower	—	—	—	○	—	—	—	—	—	—	—	—	—	—	○	○	集合住宅
	大同生命	—	—	○	○	—	—	—	—	—	—	○	—	—	—	○	○	事务所
	千早站公寓	—	—	—	○	—	—	—	—	—	—	—	○	—	—	—	—	集合住宅
	Commodus Passo Tenjin	—	—	—	○	—	—	—	—	—	—	—	○	—	—	—	○	集合住宅
	Across 天神 Center Plaza	—	—	○	○	—	—	—	—	—	—	—	○	—	—	—	○	集合住宅
	Painacourt Fspacio Takuin-Minami	○	—	—	○	—	—	—	—	—	—	—	○	—	—	—	○	集合住宅
	Cosmos Keqo Royalform	—	—	—	○	—	—	—	—	—	—	—	○	—	—	—	○	集合住宅
	Dain Court Espacio Yakuinminam 药院	○	—	—	○	—	—	—	—	—	—	—	○	—	—	—	○	集合住宅
	Aqualia 警固	—	—	○	○	—	—	—	○	○	○	○	—	—	—	—	○	集合住宅

※ "—"：无。

※ "○"：有。

（注1）：①楼梯；②自动扶梯；③无障碍坡道；④台阶。

（注2）：①步行道型；②广场型；③贯通型；④组合型。

（注3）：①座椅；②烟灰缸；③自动售货机；④遮阳蔽雨设施。

（注4）：①开放空地标识物；②水景；③雕刻；④花坛；⑤树木。

5.9.1　天神 Twin 大楼（明治安田保险大楼）（表 5-3、图 5-3 ~ 图 5-7）

天神 Twin 大楼（明治安田保险大楼）规模　　　　表 5-3

占地面积（m²）	基准容积率	层数	高度（m）	建筑占地面积（m²）	实际建筑密度（%）	总建筑面积（m²）	实际容积率	增加的容积率
3172.91	8.00	14	45.70	1891.81	59.60	32300.98	8.99	0.99

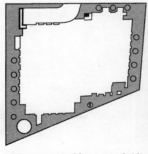

图 5-3　天神 Twin 大楼开放空地示意图

图 5-4　开放空地与人行道融为一体

图 5-5　开放空地与人行道、树池的连接

图 5-6　开放空地与街角的关系

图 5-7　人行道与开放空地的连接

5.9.2 福冈 MID 大楼（表 5-4、图 5-8 ~ 图 5-12）

福冈 MID 大楼规模   表 5-4

占地面积 （m²）	基准容积率	层数	高度 （m）	建筑占地面积 （m²）	实际建筑密度 （%）	总建筑面积 （m²）	实际容积率	增加的容积率
1639.43	5.00	14	49.10	918.29	55.00	9031.29	5.46	0.46

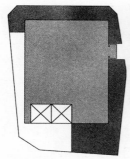

图 5-8 福冈 MID 大楼开放空地示意图　　图 5-9 福冈 MID 大楼的门前空间　　图 5-10 道路与开放空地的连接

图 5-11 大楼内部的立体停车库入口　　图 5-12 树池、座椅与地面散水的处理

5.9.3 大博大街商务中心（表 5-5、图 5-13 ~ 图 5-18）

大博大街商务中心规模   表 5-5

占地面积 （m²）	基准容积率	层数	高度 （m）	建筑占地面积 （m²）	实际建筑密度 （%）	总建筑面积 （m²）	实际容积率	增加的容积率
2513.30	5.01	14	47.50	1792.89	71.34	18575.79	7.39	2.38

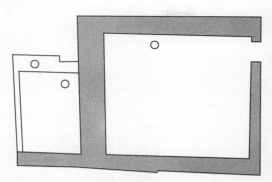

图 5-13　大博大街商务中心开放空地示意图

图 5-14　大博大街商务中心入口空间，采用
独立支柱的空间处理，形成入口空间

图 5-15　人行道路与无障碍坡道的组合

图 5-16　大楼两侧的步行道型开放空地与人行
道的连接，空地中运用石景组合

图 5-17　贯通式道路

图 5-18　大楼侧面的细部处理

5.9.4 博多车站前商务中心（表 5-6、图 5-19 ~ 图 5-23）

博多车站前商务中心规模　　　　　　　　表 5-6

占地面积 （m²）	基准容积率	层数	高度 （m）	建筑占地面积 （m²）	实际建筑密度 （%）	总建筑面积 （m²）	实际容积率	增加的容积率
3349.00	6.00	11	50.50	2246.26	64.10	8696.19	7.49	1.49

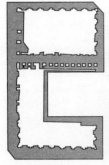

图 5-19 博多车站前商务中心开放空地示意图　　　图 5-20 开发空地与道路的连接　　　图 5-21 大楼低层的停车场入口

图 5-22 低层店铺　　　　　　图 5-23 贯通式道路

5.9.5 AQUA 博多（表 5-7、图 5-24 ~ 图 5-28）

AQUA 博多规模　　　　　　　　表 5-7

占地面积 （m²）	基准容积率	层数	高度 （m）	建筑占地面积 （m²）	实际建筑密度 （%）	总建筑面积 （m²）	实际容积率	增加的容积率
1538.34	7.00	12	51.30	1219.24	79.25	13023.77	7.74	0.74

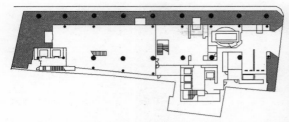

图 5-24　AQUA 博多开放空地示意图

图 5-26　道路与步行道型开放空地的连接　　图 5-25　独立支柱的悬挑设计，形成了步行道型开放空地

图 5-27　步行道型开放空地的细部处理　　图 5-28　步行道型开放空地的细部处理

5.9.6　Island Tower（表 5-8、图 5-29 ~ 图 5-36）

Island Tower 规模　　　　　　　　　　　　　表 5-8

占地面积 （m²）	基准容积率	层数	高度 （m）	建筑占地面积 （m²）	实际建筑密度 （%）	总建筑面积 （m²）	实际容积率	增加的容积率
14089.53	3.00	地上 41， 地下 1	145.30	7012.82	49.77	45020.61	3.19	0.19

开放空地

图 5-29 Island Tower 开放空地示意图

图 5-30 大楼脚下的开放空地

图 5-31 人行道的细部设计

图 5-32 开放空地与人行道的连接

图 5-33 与人行道、车行道的连接

图 5-34 街角的设计

图 5-35　街角的设计

图 5-36　大楼入口处的细部处理

5.9.7　GRAN ALT Tenjin Tower（天神塔）（表 5-9、图 5-37 ~ 图 5-40）

GRAN ALT Tenjin Tower（天神塔）规模　　　　　表 5-9

占地面积 （m²）	基准容积率	层数	高度 （m）	建筑占地面积 （m²）	实际建筑密度 （%）	总建筑面积 （m²）	实际容积率	增加的容积率
1412.93	4.00	22	—	668.04	—	9632.27	—	—

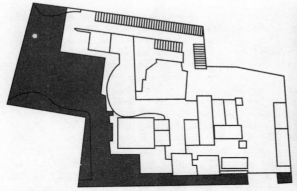

图 5-37　GRAN ALT Tenjin Tower（天神塔）开放
　　　　　空地示意图

图 5-38　建筑入口细部

图 5-39　建筑主入口的空地处理

图 5-40　入口处的设计

5.9.8　Aqualia 警固（表 5–10、图 5–41 ~ 图 5–51）

Aqualia 警固规模　　　　　　　表 5–10

占地面积 （m²）	基准容积率	层数	高度 （m）	建筑占地面积 （m²）	实际建筑密度 （%）	总建筑面积 （m²）	实际容积率	增加的容积率
1267.43	4.00	20	60.30	626.88	49.46	11483.01	6.51	2.51

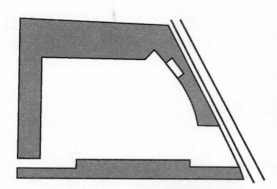

图 5–41　Aqualia 警固开放空地示意图

图 5–42　大楼脚下的停车场

图 5–43　贯通式道路

图 5–44　消防、照明、护栏等配套设施

图 5–45　开放空地中的设施和贯通式道路

图 5–46　开放空地中的设施和贯通式道路，这个
开放空地中有禁止在此吃食物和大声喧哗等规定

图 5-47　消防设备

图 5-48　自行车、摩托车的停车空间

图 5-49　贯通式道路

图 5-50　立体停车库

图 5-51　发电设备

5.10　底层架空型开放空地（表 5-11）

底层架空型开放空地调查统计　　　　　　　　　表 5-11

开放空地类型	建筑名	建筑空间的连接（从室外）(注1)			与街道连接的类型（注2）				共用机能（注3）				景观构成要素（注4）					主要用途
		①	②	③	①	②	③	④	①	②	③	④	①	②	③	④	⑤	
底层架空型	福冈银行本店	—	—	○	—	—	—	○	○	○	○	○	○	—	—	—	○	银行
	Da Vinci Fukuoka Tenjin	○	—	○	—	—	—	○	—	—	—	○	—	—	—	○	○	复合用途
	第一生命	—	—	○	○	○	—	—	—	—	—	—	○	—	—	—	○	事务所
	IMS Square	○	—	○	—	—	—	○	—	—	—	○	—	—	—	—	○	复合用途
	岩田屋 Iwataya 新馆	○	○	○	—	—	—	○	○	—	—	○	—	—	—	—	○	百货店
	（株）SIWA Building	○	—	○	—	—	○	—	—	—	—	○	—	—	—	—	○	事务所
	Hakata Riverain	○	○	○	—	—	—	○	○	—	—	○	—	—	—	—	○	剧场
	福冈银行新本部大楼 FFG	—	—	○	—	—	—	○	○	○	—	○	○	—	—	—	○	事务所
	Tenjin Place	○	○	○	—	—	—	○	—	—	—	○	—	—	—	○	○	宾馆、复合用途
	九州电器西馆、新馆	○	—	○	—	—	—	○	—	—	—	○	—	—	—	—	○	事务所
	ANA Crowne Plaza Fukuoka	○	—	○	—	—	—	○	—	—	—	○	—	—	—	—	○	宾馆
	The Nen Qtani	○	—	○	—	—	—	○	—	—	—	○	—	—	—	—	○	宾馆
	吴服町商务中心	○	○	○	○	○	○	○	○	○	○	○	○	—	—	○	○	事务所
	Tenjin Ment	○	—	○	—	—	—	○	—	—	—	○	—	—	—	○	○	复合用途

※ "—"：无。

※ "○"：有。

（注1）：①楼梯；②自动扶梯；③无障碍坡道；④台阶。

（注2）：①步行道型；②广场型；③贯通型；④组合型。

（注3）：①座椅；②烟灰缸；③自动售货机；④遮阳蔽雨设施。

（注4）：①开放空地标识物；②水景；③雕刻；④花坛；⑤树木。

5.10.1 福冈银行本店 （表 5-12、图 5-52 ~ 图 5-58）

福冈银行本店规模　　　　　　　　　　　表 5-12

占地面积 （m²）	基准容积率	层数	高度 （m）	建筑占地面积 （m²）	实际建筑密度 （%）	总建筑面积 （m²）	实际容积率	增加的容积率
4143.09	8.00	10	45.00	2904.00	72.30	30487.03	7.36	—

图 5-52　福冈银行本店
开放空地示意图

图 5-53　低层架空形成的开放空地

图 5-54　开放空地入口

图 5-55　开放空地作为人们自由利用的交往
空间，成为城市的客厅

图 5-56　提供人们自由利用的公共设施

图 5-57　长椅、雕塑、水声

图 5-58　水声在城市喧嚣的环境中起到了调节作用

5.10.2　福冈银行新本部大楼 FFG（表 5–13、图 5–59 ～图 5–68）

福冈银行新本部大楼 FFG　　　　　　　　表 5–13

占地面积 （m²）	基准容积率	层数	高度 （m）	建筑占地面积 （m²）	实际建筑密度 （%）	总建筑面积 （m²）	实际容积率	增加的容积率
4111.76	4.00	地上 14，塔屋 2，地下 1	89.55	2088.00	50.80	24667.34	5.99	1.99

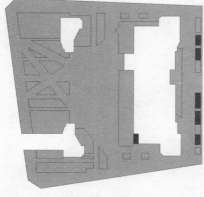

图 5–59　福冈银行新本部大楼 FFG
　　　　　开放空地示意图

图 5–60　从道路对面看到的开放空地的效果

图 5–61　开放空地与人行路的连接

图 5–62　开放空地与绿地、人行道的连接

图 5–63　开放空地中的绿地

图 5–64　开放空地中的绿地与细部

图 5-65　中庭中的设施

图 5-66　开放空地中的雕塑

图 5-67　中庭中的设施

图 5-68　中庭中的水景

5.10.3　吴服町商务中心（表 5-14、图 5-69 ~ 图 5-77）

吴服町商务中心规模　　　　　　　　　　　　　　表 5-14

占地面积（m²）	基准容积率	层数	高度（m）	建筑占地面积（m²）	实际建筑密度（%）	总建筑面积（m²）	实际容积率	增加的容积率
4544.64	5.32	10	46.15	3057.46	67.27	31045.58	6.16	0.84

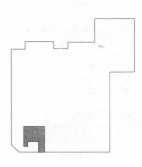

地下一层平面

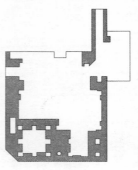

一层平面

图 5-69　吴服町商务中心开放空地示意图，
该开放空地包括地上、地下两个部分

图 5-70 大楼入口

图 5-71 人行道路与开放空地的连接

图 5-72 独立支柱的架空处理

图 5-73 开放空地与地铁、人行道的连接

图 5-74 通过自动扶梯与地下层开放空地进行
连接，大楼低层的超市被作为城市设施使用

图 5-75 地下层的开放空地

图 5-76　建筑低层架空形成的开放空地　　　　　图 5-77　开放空地与停车设施的连接

5.11　综合型开放空地

见表 5-15。

综合型开放空地调查统计　　　　　　　　　表 5-15

开放空地类型	建筑名	建筑空间的连接（从室外）（注1）			与街道连接的类型（注2）				共用机能（注3）				景观构成要素（注4）					主要用途
		①	②	③	①	②	③	④	①	②	③	④	①	②	③	④	⑤	
综合型	西日本新闻会馆、Daimaru 本馆	○	—	○	—	—	—	○	○	—	○	○	○	○	○	○	○	复合用途
	Canal city 博多	○	○	○	—	—	—	○	○	—	○	○	○	○	○	○	○	复合用途
	岩田屋 Iwataya 本馆、新馆	—	—	—	—	—	—	○	○	—	—	—	○	—	—	—	○	百货店
	济生会福冈综合病院、122 大楼、121 大楼	○	—	○	—	—	—	○	○	—	—	—	○	—	—	—	○	复合用途
	福冈山王病院、福冈国际医疗福祉学院	○	—	○	—	—	—	○	○	—	○	○	○	○	○	○	○	病院
	atomosu 百道	—	—	—	—	—	—	○	○	—	—	—	○	—	—	—	○	集合住宅
	Momochi Residential Tower	—	—	—	—	—	—	○	○	—	—	—	○	—	—	—	○	集合住宅

※ "—"：无。

※ "○"：有。

（注 1）：①楼梯；②自动扶梯；③无障碍坡道；④台阶。

（注 2）：①步行道型；②广场型；③贯通型；④组合型。

（注 3）：①座椅；②烟灰缸；③自动售货机；④遮阳蔽雨设施。

（注 4）：①开放空地标识物；②水景；③雕刻；④花坛；⑤树木。

5.11.1　Canal city 博多（表 5-16、图 5-78 ～ 图 5-82）

Canal city 博多规模　　　　　　　　　表 5-16

占地面积（m²）	基准容积率	层数	高度（m）	建筑占地面积（m²）	实际建筑密度（%）	总建筑面积（m²）	实际容积率	增加的容积率
34715.69	5.00	13	50.70	26014.48	74.90	234501.06	5.49	0.49

一层平面

地下一层平面

图 5-78　Canal city 博多开放空地示意图

图 5-79　镂空的卵形空间下面，是举办各种演出的舞台

图 5-80　由几栋建筑围合形成的综合型开放空地，是博多最受欢迎的可以自由利用的购物、休闲场所

图 5-81　开放空地中的景观构成

图 5-82　设置在建筑之间的开放空地

5.11.2　济生会福冈综合病院、122 大楼、121 大楼（表 5-17 ～ 表 5-19、图 5-83 ～ 图 5-86）

济生会福冈综合病院规模　　　　　　　　　　　表 5-17

占地面积（m²）	基准容积率	层数	高度（m）	建筑占地面积（m²）	实际建筑密度（%）	总建筑面积（m²）	实际容积率	增加的容积率
3086.00	7.00	14	60.00	1600.00	51.80	26027.43	7.50	0.50

122 大楼规模

表 5-18

占地面积 （m²）	基准容积率	层数	高度 （m）	建筑占地面积 （m²）	实际建筑密度 （%）	总建筑面积 （m²）	实际容积率	增加的容积率
1380.37	7.00	13	58.10	880.00	63.76	11160.00	7.53	0.53

121 大楼规模

表 5-19

占地面积 （m²）	基准容积率	层数	高度 （m）	建筑占地面积 （m²）	实际建筑密度 （%）	总建筑面积 （m²）	实际容积率	增加的容积率
1159.63	7.00	13	53.40	743.17	64.10	8696.19	7.50	0.50

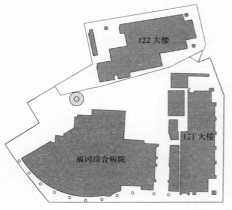

图 5-83   济生会福冈综合病院、122 大楼、
121 大楼开放空地示意图

图 5-84   底层被作为都市停车场利用

图 5-85   由三栋建筑围合形成的开放空地

图 5-86   由济生会福冈综合病院、
122 大楼、121 大楼三座大楼组成
形成的综合型开放空地

5.11.3　福冈山王病院、福冈国际医疗福祉学院（表 5-20、图 5-87 ~ 图 5-93）

福冈山王病院、福冈国际医疗福祉学院规模　　　表 5-20

占地面积 （m²）	基准容积率	层数	高度（m）	建筑占地 面积 （m²）	实际建筑 密度 （%）	总建筑面积 （m²）	实际容积率	增加的 容积率
23000.00	—	地上 11， 地下 2	—	—	—	37000.00	—	—

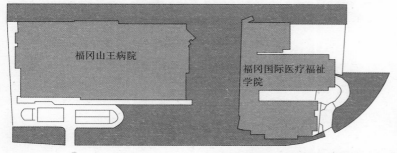

图 5-87　福冈山王病院、福冈国际医疗福祉学院开放空地示意图

图 5-88　开放空地的细部处理

图 5-89　自行车、摩托车的停车空间

图 5-90　建筑入口与景观构成要素的组合

图 5-91　两栋建筑围合形成的综合型开放空地，为人们提供了可以自由利用的公共空间

图 5-92　专用停车设施

图 5-93　空间装置作品

5.12　步行道型 + 广场型开放空地

见表 5-21。

步行道型 + 广场型开放空地调查统计　　　　　　　　　　表 5-21

开放空地类型	建筑名	建筑空间的连接（从室外）（注1）			与街道连接的类型（注2）				共用机能（注3）				景观构成要素（注4）					主要用途
		①	②	③	①	②	③	④	①	②	③	④	①	②	③	④	⑤	
步行道型 + 广场型	议会栋	—	—	○	—	○	—	○	○	○	○	○	○	—	○	—	○	市厅
	西铁博多站前大楼	—	—	○	—	○	—	○	—	—	○	○	—	—	○	—	○	事务所
	健康 Center	—	—	○	—	○	—	○	○	—	—	○	○	—	—	—	○	事务所
	D-WING.Baytower	○	—	○	○	○	—	○	○	—	—	○	○	—	—	—	○	事务所
	Yakuin Business Garden	○	—	○	○	○	—	○	○	—	—	○	○	—	—	○	○	事务所
	NTT Docomo 九州自社大楼	○	—	○	○	○	—	○	○	○	—	○	○	—	—	—	○	事务所
	The Momochi Tower 百道塔	—	—	○	—	○	—	○	○	—	—	○	○	—	—	○	○	集合住宅

※ "—"：无。
※ "○"：有。
（注1）：①楼梯；②自动扶梯；③无障碍坡道；④台阶。
（注2）：①步行道型；②广场型；③贯通型；④组合型。
（注3）：①座椅；②烟灰缸；③自动售货机；④遮阳蔽雨设施。
（注4）：①开放空地标识物；②水景；③雕刻；④花坛；⑤树木。

5.12.1　西铁博多站前大楼（表 5-22、图 5-94 ~ 图 5-98）

西铁博多站前大楼规模　　　　　　　　　　表 5-22

占地面积（m²）	基准容积率	层数	高度（m）	建筑占地面积（m²）	实际建筑密度（%）	总建筑面积（m²）	实际容积率	增加的容积率
1430.61	6.00	12	48.70	1022.16	71.40	10628.92	6.50	0.50

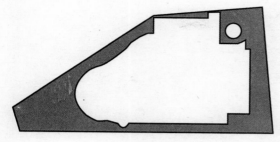

图 5-94　西铁博多站前大楼开放空地示意图

图 5-95　西铁博多站前大楼，入口广场与设施（一）　图 5-96　西铁博多站前大楼，入口广场与设施（二）

图 5-97　入口广场与人行道的连接　　　　　　图 5-98　人行道路与开放空地的连接

5.12.2　NTT Docomo 九州自社大楼（表 5-23、图 5-99 ~ 图 5-104）

NTT Docomo 九州自社大楼规模　　　　　　　　　　表 5-23

占地面积 （m²）	基准容积率	层数	高度 （m）	建筑占地面积 （m²）	实际建筑密度 （%）	总建筑面积 （m²）	实际容积率	增加的容积率
2479.00	4.00	14	—	1130.90	45.60	13974.97	5.63	1.63

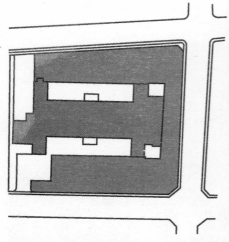

图 5-99　NTT Docomo 九州自社大楼
　　　　 开放空地示意图

图 5-100　大楼入口处的细部

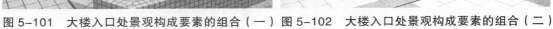

图 5-101　大楼入口处景观构成要素的组合（一）　图 5-102　大楼入口处景观构成要素的组合（二）

图 5-103　设于大楼后侧的地下停车场入口　　图 5-104　大楼入口处景观构成要素的组合（三）

5.12.3　The Momochi Tower 百道塔（表 5-24、图 5-105 ~ 图 5-110）

The Momochi Tower 百道塔规模　　　　　　　　　　表 5-24

占地面积 （m²）	基准容积率	层数	高度 （m）	建筑占地面积 （m²）	实际建筑密度 （%）	总建筑面积 （m²）	实际容积率	增加的容积率
10006.79	2.00	28	99.75	1799.54	17.90	43052.39	2.99	0.99

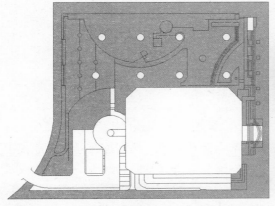

图 5-105　The Momochi Tower 百道塔开放
空地示意图

图 5-106　建筑主入口与细部处理

图 5-107　开放空地与地下通风装置景观构成
要素的组合

图 5-108　广场型开放空地与地下通风装置

图 5-109　大楼一侧的广场状开放空地

图 5-110　开放空地入口

从以上开放空地建成项目的统计中，可以看出在城市的不同用地中规定的标准容积率（在福冈市共有 12 种城市用地类型），以及获得奖励的容积率。根据 2000 年福冈市的统计，在 128 个批准建设的综合设计制度项目中，获得奖励容积率的上限约为 0.70%。

《福冈市中心机能更新诱导方案》对本调查起到了启发作用，本研究认为被扩充的新的项目，可以说是为了对应现代都市生活需要，改善、提高公共空间质量的具体实践措施。通过诱导方案的学习，再结合现场实地调查，得到了以下启发：

（1）灵活机动的都市计划政策；

（2）积极对应全球一体化的环境政策；

（3）都市公共空间质量不断改善、提高；

（4）都市公共空间的灵活运用。

5.13 小结

在福冈市开放空地为人们提供了安心、安全的都市活动空间，尤其是在开放空地集中的街区，形成了繁华、热闹的都市公共空间。有的空地与街道以及广场融为一体，构成了整体的都市公共空间网络。但是，开放空地的分布还不均匀，还有的开放空地被限制利用，不允许大声喧哗、吃东西、拍照等，有的成为了停放车辆的空间。根据以上调查提出以下提案：

（1）继续提高建筑低层的设施化，为人们提供多样化的可以自由利用的公共空间。

（2）建成的开放空地中，加强管理，使其真正形成为人们自由利用的空间。符合法律中的相关规定。

（3）应该提倡形成都市型建筑设计低层设施化的设计标准，即使没有得到容积率奖励，也应该形成都市型建筑低层设施化。

（4）福冈市中心的机能更新，应该在对建筑更新、改造以及街路加宽的同时，促进建筑低层的设施化，使其形成中心的公共空间网络系统。

开放空地与建筑低层设施化，是福冈市中心机能更新的诱导政策之一，今后应继续进行具体项目的详细调查，进行开放空地空间质量的调查与评价。

本章参考文献：

［1］高见泽实.都市计划的理论系谱和课题［M］.东京：学艺出版社,2006.

［2］福冈县建筑都市部.公寓管理手册［Z］,2008.

［3］福冈市住宅审议会.关于民间公寓维持管理的对策［Z］,2003.

［4］福冈市停车实态调查事务委托［Z］,2008.

［5］福冈市土木局总务科.土木局事业概要［Z］,2006.

［6］福冈都市科学研究所.迈向 21 世纪福冈的未来形象研究的中间报告书［Z］,2001.

［7］福冈市住宅局.福冈市中心机能更新诱导方针［Z］,2008.

［8］三栖帮博.超高层办公楼［M］.北京：中国建筑工业出版社,2003.

［9］谷口汎帮.城市再开发［M］.北京：中国建筑工业出版社，2003.

［10］http://www.lares.dti.ne.jp/tcc/data/map.html.

［11］http://www.mlit.go.jp/crd/city/plan/townscape/index.htm.

［12］http://www.mlit.go.jp/keikan/keikan_portal.html.

［13］http://www.mlit.go.jp/crd/city/plan/townscape/database/plan/index.htm.

［14］http://www.citta-materia.org/itemid=99&catid=13.

［15］http://www.city.shinjuku.tokyo.jp/division/400201chikukeikaku/index.htm.

［16］http://www.marunouchi.com/about/art.html.

［17］http://www.jsce.or.jp/committee/lsd/index.html.

［18］http://www.eonet.ne.jp/building-pc/tokyo/to.htm.

［19］http://www.lares.dti.ne.jp/tcc/data/map.html.

第6章　日本开放空地的相关议题

本章通过对日本高层建筑用地内开放空地的建设与管理方法进行文献调查和实地调研，对开放空地的相关议题进行了分类，试图对开放空地的机能、设计意识的变迁形成比较清楚的认识。开放空地虽是依靠法律，得到建筑容积率奖励后的产物，但不仅仅局限于对法律条文的研究，还要从构成城市绿化、景观、公共空间网络化、提高办公大楼的舒适度等方面加以研究。

日本许多高层建筑用地内竖立着开放空地标牌，标注的主要内容是："该公开空地，是按照《建筑基准法》第59条第2款建筑物的许可条件，一般对外开放的"。所谓公开空地是在建筑用地内的空地部分设置有硬质铺装、树丛、草坪、水池等的空地，或为了改善环境质量的小规模的土地。一般是必须对外开放，是保证步行者自由通行和汇集的公共空间。本书将"公开空地"翻译成"开放空地"，在研究中所有与"公开空地"相关的词汇，均使用"开放空地"。

调查研究的目的是为了掌握日本高层建筑用地内开放空地的机能，以及设计意识的变化。

首先对日本《建筑基准法》中综合设计制度关于开放空地的政策法规进行了解，查阅各地采用的一般性条例或自主性的条例，结合各地获得开放空地许可建设的项目进行实地考察。本文将开放空地的相关议题进行了分类：①与开放空地相关的设计制度；②与开放空地相关的用语；③与设计的主题、目标相关的用语；④开放空地的种类；⑤开放空地与绿化；⑥开放空地与城市景观；⑦开放空地与维持管理；⑧开放空地的评价，从以上分类中，力图归纳出日本开放空地的意义、机能和发展动向（图6-1）。

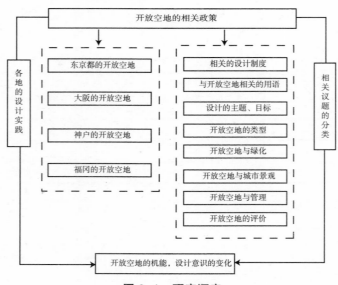

图6-1　研究顺序

6.1　与开放空地相关的设计制度

"开放空地"的概念出自于日本《建筑基准法》综合设计制度中的政策，所以对相关的语汇，以及基本内容的了解尤为重要。在表 6-1 中，列举了大阪市、神户市、福冈市采取的各种容积率补贴制度。

运用以上制度，许多建设项目得到了容积率补贴，确保形成了开放空地，在城市中发挥着开放空地的机能作用。

一般的建筑计划与综合设计计划的比较见图 6-2。

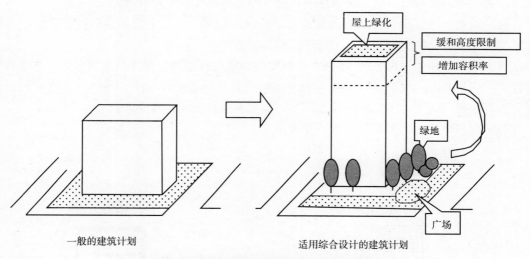

图 6-2　一般建筑计划与综合设计计划比较

各地采用的容积率补贴制度　　　　　　　　　表 6-1

地名	一般综合设计制度	依据设施的容积率奖励特例
大阪市	1. 一般综合设计制度； 2. 市区住宅综合设计制度； 3. 市中心居住容积率奖励制度； 4. 特别设施容积率奖励制度	①文化设施；②医疗及福祉设施；③停车场；④耐震水槽；⑤繁华商业设施；⑥儿童养育设施等的奖励制度
神户市	1. 一般型综合设计； 2. 市区住宅综合设计； 3. 震灾复兴型市区住宅综合设计； 4. 再开发等适合型综合设计； 5. 环境友好型综合设计	①停车场的改造特例；②文化、福祉设施的改造特例；③地域防灾设施的改造特例；④自行车停车场的改造特例；⑤公寓的汽车车库的改造特例
福冈市	1. 市区住宅综合设计； 2. 市中心居住型综合设计； 3. 再开发方针等适应型综合设计； 4. 设施规划特例	①停车场；②地域交流设施，文化、福祉设施；③福祉环境设施；④地域设施等奖励制度

6.2　新修改的制度内容

6.2.1　神户市

环境友好型建筑；①创设环境友好型综合设计制度；②推进太阳能电池与绿地的换算；③促进自行车停车场的改造；④创立雨水贮存槽的容积补贴；⑤修改对市区环境有贡献的开放空地的评价。

6.2.2　福冈市

福冈市也制定了新扩充的容积率补贴制度，新的项目有：文化设施、太阳光发电设施、地区的制冷和供暖设施、防灾用储存库、用地外公共设施改造评价等。

通过调查，可以把与开放空地相关的设计制度归纳为：①一般综合设计制度；②依据设施的容积率奖励特例。其中，①是前提和基本条件。

日本城市用地类型可划为12种，每种用地都规定有基准容积率和建筑密度，这里列举的各种容积率奖励办法是指在基准容积率基础上许可增加的容积率。另外，还有的用地被划分为高度利用地区、再开发促进地区等，容积率还有较大的弹性。

各种容积率奖励制度示意图见图6-3。

对历史建筑物的保存、复原

Ⓐ依据确保的开放空地，容积率高度限制得到缓和
Ⓑ依据对历史建筑物的保护、复原及外观保护，给予容积率补贴

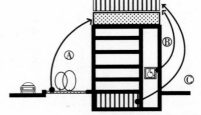

含有福址设施、地域设施的建筑物

Ⓐ依据确保的开放空地，容积率高度限制得到缓和
Ⓑ依据设置的福址设施，给予容积率补贴
Ⓒ依据设置的地域设施，给予容积率补贴

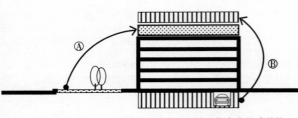

设有改善市区环境的停车库的建筑物

Ⓐ依据确保的开放空地，容积率高度限制得到缓和
Ⓑ确保大型业务设施的停车库，给予容积率补贴

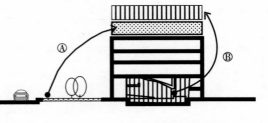

设有文化设施的建筑物

Ⓐ依据确保的开放空地，容积率高度限制得到缓和
Ⓑ依据设置的文化设施，对容积率进行补贴

图6-3　各种容积率奖励制度图例

6.3　设计的主题、目标

根据各个地区集中建设或单独建设的开放空地实施项目的设计主题，归纳出以下设计的中心思想及主要内容（表6-2）：

与主题相关的语言

表 6-2

建筑名	设计主题、目标
东京都电通本社大楼	与地球环境共生、森、华、水晶、花霞、块、峡谷间、"石"和"水"的广场、公园城市和贯通道路
东京都丸之内 Park-in	在全世界具有交互作用最活跃的街、舞台、扩展、加深
东京都大手町第一广场	光的庭园、风的庭园、光的绿洲、第一广场花园
东京都新宿三井大楼	多样的亲切空间、诗情画意、休息型广场
东京都新宿住友大楼	在都市再开发中发掘历史和传统
东京都新宿岛	对人友好的新智能城市、爱与未来、出色的外景拍摄地
东京都六本木森大楼	垂直庭园、漂浮的空中花园、宇宙、风水、被打开的街
大阪市 The Hilton Plaza 综合建筑体	"楔子"状插入的绿色光井、贯通式处理
大阪市空中庭园	连接超高层、空中的庭园
大阪市花园城水晶塔	创造"充裕的创造性"的环境，尊重人性的空间
福冈银行新本部大楼 FFG	公共花园，值得看的自然地、历史、文化的场所

1990 年以后，屋顶庭园、空中庭园、纵的庭园等新的语言出现，屋外空间的空间构成从平面发展到立体的形态。并且，从 1990 年开始除建筑用地内的计划之外，还开始注重建筑物与相邻建筑用地和道路的设计，形成了中庭、阳台、日光室、屋顶广场、共享空间、风和光线能穿过的开放空间等，形成使建筑物内外相互关联的中间领域。

空地表现的主题和内容注重修景设施配置，将树木、花坛、雕塑、水景引入用地内，用水声的入口、垂直的庭园等新的词汇作为设计主题。

办公大楼的屋外空间从早期注重公共性，转变成为了企业与社会、企业与都市的节点，1990 年以后，办公大楼的屋外空间被作为企业理念和形象，同时也成为市民喜爱的外景拍摄地。

6.4　开放空地的种类

按照综合设计制度的划分，开放空地有五种类型：①步道型；②贯通道路型（建筑群落中的交通）；③屋内贯通道路型（建筑低层的内部空间）；④中庭型；⑤广场型。

除综合设计制度中的分类之外，在东京都大手町地区还有：空地网络化、空地连续型、广场形成型的分类。

开放空地规划配置的前提是应发挥其功能。①步道型空地的机能：应该与道路形成一体化，在宽度、斜坡、台阶、高低差、树下高度、防滑性铺装等方面符合规定要求。②广场型空地的机能：应该与步行者动线整合。各种类型的开放空地都要形成视线贯通、安全的空间，充分发挥开放空地通行、汇集的基本机能。

6.5　开放空地与绿化

开放空地中的绿化，是推进城市绿化的主要手段之一，根据《东京都开放空地绿化导则》和大阪市等开发空地与绿化相关文献使用的语汇，可以概括为以下相关的语句或词汇（表6-3）。

与绿化相关的用语、词汇分类　　　　　　　　　　　　　　　　表6-3

绿的目标	绿化配置	绿的主题	词汇
1.形成公共和私有的绿色网络； 2.创出人性化尺度的空间； 3.确保创出眺望等安全的空间； 4.创出赋有造园魅力的美丽空间； 5.有助于提高公开空地等的价值	节点树、视觉焦点树、贯通的视线、一块集中的绿地、深度、厚重感、绿量、边缘绿化	华、水晶、块、峡谷、石、水、绿的量感、绿视率、连续性的绿	林荫树、绿色的网络、特殊绿化、簇生花木、树形美、城市绿洲、人工的绿、缓和、调节

以往的绿地设计常用落叶树、常绿树、高中低木、阔叶树，1990以后开始使用椰、竹等植物。自1980年以后，设计师开始尝试用杂树林表现风景。注重表现视觉心理、情绪、环境质量。将阔叶树和落叶树进行组合，表现充满着季节更迭的自然环境。

自2002年，开始在《建筑环境综合性能评价体系》中，将绿地的量与质量，作为评价项目。①绿量：依据在空地中的绿化空地面积为10%～20%之间的绿化、空地面积为20%～50%之间的绿化、空地面积为50%以上的绿化三种比例设定评价系数。②绿化的质量：以栽植条件与用地和建筑物相对应、确保野生生物生息环境的绿化，创造野生树木和地方乡土植物的绿地，作为评价项目。

高层建筑中的"绿色"一词并不单纯地意味着种植树木和花草，还作为拥有自然、乡土、季节、人文等诸多含义的词汇加以理解和运用，以创造出丰富多彩的绿地景观环境。

6.6　开放空地与都市景观

建筑用地内的开放空地属于建筑设计的内容之一，建筑是构成城市景观的主要要素。在建筑用地内景观的构成手法主要有：设置绿地；地域性素材；景观的历史传承性，使原有的植物、地形、涌水等通过复原、再生等手段，创造与建筑物、街道相协调的楼前景观。

　　例如，东京都大手町的景观设计中采用的语汇有：关联性设计、一体性改造、空间连接、调和、潜在力、历史遗产、景观价值、无边界、环境友好城市空间、确保空间的连续性、象征性景观、亲水性空间、自然环境共存、全景性景观空间、复合性的城市机能、生物生息空间、无障碍环境设计、回廊空间、历史资产复活的空间、历史景观资源、集约化、统一感的天际线等。

　　在大阪市御堂筋开放空地中提出：①"边"的景观设计。边的设计包括：道路和规划建设用地的"边"、建筑物和公共空间的"边"、水和土的"边"、丘陵和平地的"边"等，不同的空间互相衔接。②建筑物的景观设计。不仅是单体建筑物的设计，而且应该与建筑群统一协调，与街道形成整体关系，与周围的城市比较，与周边环境相调和，要充分地进行讨论。③建筑用地内的景观设计。作为公共设施和大规模建筑物、集合住宅区等用地内的设施，建筑物周围的用地设计也很重要，需要对用地整体进行设计，同时，尽可能争取向公众开放的空间，为大家共同利用提供公共空间。

6.7　开放空地的维持管理

　　根据综合设计制度许可建设项目的标识牌中的内容，将在空地中禁止的活动内容整理如下（表 6-4）：

开放空地的管理内容　　　　　　　　　　　　　表 6-4

建筑名	禁止的行为
1.JR 东日本小田急 2. 东京丸之内三菱一号馆 3.Tokyo Station City 4.Marunouchi Trust City	空地内是确保日常通行使用的，禁止下列行为，不遵从主管人员的指示时，拒绝进入空地内： 禁止吸烟，无许可不能拍照，饮食、饮酒（指定场所除外）， 携带危险品、示威行为、集会，使用音乐器械、乐器，无许可的诱导， 贩卖，广告宣传等的发布，其他的危险以及扰乱秩序的行为，停车自行车，丢弃垃圾，使用火、气，放置物品，喂动物，进入水池等水景设施，骑摩托车，遛狗，长时间地滞留、睡觉，无许可的比赛活动，舞蹈，棒球，球技活动等，进入绿地采摘花草，其他给人带来不方便的行为，或有碍空地美观的行为

　　从以上四栋大楼开放空地标识牌中的管理内容，了解其具体的管理细则。运用以上管理规定，保障开放空地的运行。

　　目前有的空地中乱放垃圾，停放自行车或摩托车，使人们不愿意在此停留。有的空地管理严格，常常出现被管理人员质问或劝告的情况。开放空地是得到法律许可建设的，得到了较大利益后产生的空地，有许多空地公共性还不强，人们利用还不方便。

　　另外，在日本有各种关于公共空间的管理制度，条例名目繁多，以至于影响到了人们户外生活的方便性。近年来开始试验公共空间管理的柔软化，或称其为公共空间的社会化实践，目的是充分发挥已建成公共空间的作用，成为人们喜欢去的活动场所。

6.8　开放空地的评价

依据以往的研究以及 2002 年开始实施的《建筑环境综合评价体系》中的室外环境评价的内容，可以概括为以下方面。

6.8.1　建筑用地内环境的综合评价

生物资源的保护和创造：①立地计划，计划方针；②生物资源保护；③确保绿量；④确保绿化质量；⑤生物环境的管理和利用。

街道景观：①景观障碍；②形成良好的景观。

舒适性、地域性：①继承地域固有的风土、历史、文化；②为地域作贡献的空间设施与机能；③形成使建筑物内外相互关联的中间领域。

6.8.2　开放空地的机能评价

①与街区的关联；②视线贯通；③容易接近；④感觉好；⑤方便居民汇集；⑥舒适宜人等。

6.8.3　开放空地的质量评价

①能否满足居民放松、互相接触、恢复精神的公共空间；②建筑物（群）的适当配置；③建筑物（群）是否最大限度地运用用地的条件；④屋脊、入口、庭、中庭、屋顶、凉台的配置是否协调；⑤感到舒适的广场；⑥配置适当的花园等。

2011 年财团法人森纪念财团，将东京都开放空地的评价项目设定为：安全性、舒适便捷性、娱乐性、对周边地域的贡献四个基准。

从以上对建筑用地内环境的评价，也可以看出该类型的空间设计从早期的试验，观望其效果，发展到了有比较明确的量化指标与质量评价的体系。为形成对开放空地设计的方法提供了依据。

6.9　小结

自 20 世纪 70 年代前后，办公大楼被作为企业设施的一部分，普遍重视在用地内的园林绿化。20 世纪 80 年代以后，日本的高层建筑设计才开始真正重视公共空间的组织创造与城市空间环境的关系，至 90 年代更全面地将城市空间和城市交通引入高层建筑的内部。2000 年以后，提出了使步行道型空地保持最大可能性的通行机能等；使广场型空地最大程度地发挥聚集机能等。近年来，也有把建筑用地内的开放空地与设施称为地域性公益设施的趋势。

空地表现的主题和内容注重修景设施配置，将树木、花坛、雕塑、水景引入用地内，用水声的入口、垂直的庭园等新的词汇作为设计主题。办公大楼的屋外空间从早期注重公共性，转变成了企业与社会、企业与都市的节点，办公大楼的屋外空间被作为企业理念和形象，同时也成为市民喜爱的外景拍摄地。

　　开放空地的设计被作为推进城市景观的形成，推进城市绿化的主要手段之一。高层建筑的周围环境和低层部分空间的设计不仅更加丰富，而且与城市交通系统也有机地连接起来，高层建筑的低层部分空间也开始成为设计的重点。开放空地的分布也从早期的平面型向立体型发展。

本章参考文献：

[1] 神户市都市计划总局建筑指导部建筑安全科.神户市综合设计制度许可要领[Z]，2006（7）:14.

[2] 横滨市都市调整局建筑环境科横滨市市区环境设计制度[Z]，2008（2）:9-11.

[3] 福冈市住宅局.福冈市中心机能更新诱导方案[Z]，2009（8）.

[4] 五十岚敬喜.千代田区的开放空地——意义和实态以及机能[Z]，2010（3）:9.

[5] 大阪市计划调整局建筑指导部.建筑基准行政年报[R].大阪：2008.

[6] 关于开放空地等绿的创造方针手册[M].东京：东京都都市整备局，2007（7）:6-7.

[7] 柏市都市计划部建筑指导科.柏市建筑物环境配置制度的手册[M]，2010（7）:33.

参考文献

［1］杉本正美.都市公共空间的意义［M］.福冈都市科学研究所，1995.

［2］包清博之.都市生活关联空间计划论的意义［J］.景观研究，2000（64）.

［3］http://www.city.yokosuka.kanagawa.jp/tokei/siryouhen/koudo/3-4koukaikuutikizyun.htm.

［4］横须贺市都市部.关于倾斜地建筑物构造的限制及许可基准［S］，2004.

［5］东京都都市整备局市街地建筑部建筑企画部.建筑统计年报［R］，2009.

［6］大阪市计划调整局建筑指导部.建筑基准行政年报［R］，2008.

［7］高见泽实.都市计划的理论系谱和课题［M］.东京：学艺出版社，2006.

［8］福冈市建筑都市部.公寓管理手册［Z］，2008.

［9］福冈市住宅审议会.关于民间公寓维持管理的对策［Z］，2003.

［10］福冈市停车实态调查事务委托［Z］，2008.

［11］福冈市土木局总务科.土木局事业概要［Z］，2006.

［12］福冈都市科学研究所.迈向21世纪福冈的未来形象研究的中间报告书［Z］，2001.

［13］福冈市住宅局.福冈市中心机能更新诱导方案［Z］，2008.

［14］三栖帮博.超高层办公楼［M］.北京：中国建筑工业出版社，2003.

［15］谷口汎帮.城市再开发［M］.北京：中国建筑工业出版社，2003.

［16］http://www.lares.dti.ne.jp/tcc/data/map.html.

［17］http://www.mlit.go.jp/crd/city/plan/townscape/index.htm.

［18］http://www.mlit.go.jp/keikan/keikan_portal.html.

［19］http://www.mlit.go.jp/crd/city/plan/townscape/database/plan/index.htm.

［20］http://www.citta-materia.org/itemid=99&catid=13.

［21］http://www.city.shinjuku.tokyo.jp/division/400201chikukeikaku/index.htm.

［22］http://www.marunouchi.com/about/art.html.

［23］http://www.jsce.or.jp/committee/lsd/index.html.

［24］http://www.eonet.ne.jp/building-pc/tokyo/to.htm.

［25］http://www.lares.dti.ne.jp/tcc/data/map.html.

［26］神户市都市计划总局建筑指导部建筑安全科.神户市综合设计制度许可要领［Z］，2006（7）：14.

［27］横滨市都市调整局建筑环境科.横滨市市区环境设计制度［Z］，2008（2）:9-11.

［28］福冈市住宅局.福冈市中心机能更新诱导方案［Z］，2009（8）.

［29］五十岚敬喜.千代田区的开放空地——意义和实态以及机能[Z]，2010（3）:9.

［30］关于开放空地等绿的创造方针手册[M].东京:东京都都市整备局，2007（7）:6-7.

［31］柏市都市计划部建筑指导科.柏市建筑物环境配置制度的手册［Z］，2010（7）:33.